U0889030

潮流能开发与利用

孙长平　徐海滨　祝文龙　戴维冬　编著

中国三峡出版传媒
中国三峡出版社

图书在版编目（CIP）数据

潮流能开发与利用 / 孙长平等编著. — 北京 :
中国三峡出版社, 2022.12
ISBN 978-7-80223-563-2

Ⅰ. ①潮… Ⅱ. ①孙… Ⅲ. ①潮汐能—海洋开
发②潮汐能—能源开发 Ⅳ. ①P743.3

中国版本图书馆CIP数据核字(2022)第229251号

责任编辑：于军琴

中国三峡出版社出版发行
（北京市通州区新华北街 156 号 101100）
电话：（010）57082645 57082577
http://media. ctg. com. cn

北京世纪恒宇印刷有限公司印刷 新华书店经销
2022 年 12月第 1 版 2022 年 12月第 1 次印刷
开本：787毫米×1092毫米 1/16 印张：9
字数：225千字
ISBN 978-7-80223-563-2 定价：88.00 元

前 言

海洋作为重要的生产要素和空间资源，是高质量发展战略要地。我国是海洋大国，拥有广泛的海洋战略利益，建设海洋强国是中国特色社会主义事业的重要组成部分。建设现代海洋产业体系已成为我国“十四五”期间重点规划内容之一。“十四五”规划强调要“围绕海洋工程、海洋资源、海洋环境等领域突破一批关键核心技术。培育壮大海洋工程装备、海洋生物医药产业，推进海水淡化和海洋能规模化利用，提高海洋文化旅游开发”。2021 年全国“两会”上，“碳达峰”“碳中和”被首次写入政府工作报告，“十四五”是实现“碳达峰”关键期，推动“碳中和”起步期。加快推动海洋能源的开发利用，对我国实现能源结构转型以及“双碳”目标有极大的促进作用。合理利用、开发海洋能对中国经济发展和能源安全具有重要意义。

潮流能作为海洋能的一种，具有可再生、清洁、可预测、蕴藏量巨大等优点，与太阳能、风能相比，潮流能规律强、不占用陆地，被誉为“蓝色油田”，是未来发展海洋能的一个重要方向。目前，以英国为代表的发达国家在潮流能开发利用方面已具有多年的研发和实测经验，积累了丰富的技术资料，潮流能行业已初步进入商业化运营阶段。我国对潮流能的开发利用起步相对较晚，与欧美国家的技术相比，仍存在较大差距和追赶空间。近几年在国家相关政策和资金的支持下，我国已有多家高校和科研机构在潮流能开发利用方面进行了大量技术研究，在相关领域正呈现迎头追赶之势。

本书通过 8 章，介绍了潮流与潮流能的概念、潮流能资源估算方法及全球潮流能资源分布概况，系统梳理了全球 20 多个国家的潮流能资源开发与利用的支持政策和相关技术；介绍了 3 个代表性测试中心、12 个研发机构、58 个落地项目和近 120 台潮流能机组的相关信息和参数，并归纳了相关的应用技术和发展趋势，以期为我国未来潮流能的开发和利用提供参考和借鉴。

本书由孙长平、徐海滨、祝文龙和戴维冬编著，刘开源、简斌和王方政搜集资料并校核。由于作者水平所限，难免有疏漏和不足之处，恳请读者批评指正。

2022 年 6 月

目录

第 1 章 概　述

随着全球经济快速发展和能源需求日益增加，石油和煤炭等不可再生能源被大量消耗，排放出大量二氧化碳（CO_2）等温室气体，导致温室效应和全球气候变化成为世界性难题。开发清洁新型可再生能源、优化能源结构是应对这些世界性难题的重要举措和有效途径。海洋蕴藏着丰富的可再生能源——海洋能，包括潮汐能、潮流能、波浪能、温差能、盐差能等，被认为是清洁能源的重要来源之一。

目前，世界各国都高度重视海洋能的开发利用，大力发展海洋经济，积极推动国内能源结构的改善，其重要的战略意义已得到国际社会的普遍认同。欧盟 2020 年发布了《海洋可再生能源战略》，计划到 2025 年海洋能装机容量达到 100MW，2030 年达到 1GW，2050 年达到 40GW。我国的海洋能开发利用也已提升到国家战略的高度，2014 年国务院办公厅印发的《能源发展战略行动计划（2014—2020 年）》中明确了包含海洋能发电在内的能源科技创新战略方向。2016 年国家海洋局印发了我国首个海洋能发展专项规划《海洋可再生能源发展“十三五”规划》。2020 年 12 月国家发布了《新时代的中国能源发展》白皮书，支持包括海洋能在内的可再生能源发展。2021 年“碳达峰”“碳中和”被首次写入政府工作报告，加快推动海洋能的开发利用对我国实现“碳中和”“碳达峰”目标具有重要意义。合理利用、开发海洋能对中国经济发展有极大的促进作用。

潮流能作为海洋能的一种，具有可再生、清洁、可预测、储量巨大等优点，是未来发展海洋能的一个重要方向。通常将月球和太阳引潮力引起的周期性海水水平流动称为潮流，发电为其主要利用方式，原理是将潮流单向（或双向）水流运动变为部件旋转运动，通过增速部件等驱动发电机发电。其利用原理和风力发电相似，因此其发电装置被形象地比喻为“水下风车”。潮流能发电与其他能源发电有显著的差别。火电使用的是以煤为主的化石燃料，在燃烧煤的过程中，会产生大量烟尘、粉尘、氮氧化合物（NO_x）、SO_2、CO_2 等有害气体、温室气体以及其他有害废物，易诱发雾霾、酸雨、温室效应和水污染等重大环境问题，与当今低碳环保发展的路线相悖；核电站在建设、安全防护及拆除等全生命周期中投入费用巨大，且存在核废料和热污染等难以解决的问题；海上风电在运行过程中，海风不够稳定，电能输送稳定性存在较大技术难题。潮流能可预测性强，能量更集中，具备开发优势。据联合国教科文组织估算，全球可开发利用的潮流能资源约为 3 亿 kW。

我国的潮流能资源丰富，据《中国沿海农村海洋能源区划研究》统计，我国海岸线长达 18 000km，沿海 130 个水道的潮流能理论平均功率约为 14GW。按海区划分，东部沿海地区的潮流能资源储量最高，占全国的 78.6%，其中以浙江沿海最多，37 个水道的潮流能理论平均功率为 7.09GW，仅舟山海域就有 7GW 可开发量，约占全国的一半以上；其次是中国台湾、福建、辽宁、山东等，约占全国总量的 41.9%。

目前，以欧美为代表的发达国家在潮流能开发利用方面具有多年的实践经验，拥有先进的技术，潮流能行业已进入商业化运营阶段。我国对潮流能的开发利用起步相对较晚，与欧美等发达国家的技术相比，仍存在较大差距，尚未有进入商业运营的潮流能机组。近几年，在国家相关政策和资金的支持下，我国已有多家高校或科研机构在潮流能开发利用方面进行了大量技术研究，在相关领域正呈现迎头追赶之势。中国长江三峡集团有限公司（简称三峡集团）作为国际一流的大型清洁能源集团，近年来积极响应国家号召，开发海洋能。三峡集团承建的舟山潮流能示范项目是我国在潮流能资源利用领域的第一次实践和探索，汇集了国内在潮流能开发方面的最新研究成果，为我国未来的潮流能开发利用奠定了坚实基础。

第 2 章 潮流与潮流能开发

2.1 潮流的定义

地球上的海水会在天体（主要是月球和太阳）引潮力的作用下产生周期性的运动。一般，把海水垂直方向的周期性涨落称为潮汐，海水水平方向的周期性流动称为潮流[1]。“昼涨称潮，夜涨称汐”的意思是，发生在早晨的涨潮叫作潮，发生在晚上的涨潮叫作汐。

海水的运动根据潮汐周期可分为半日潮、全日潮和混合潮，潮流也随之发生周期性变化。潮流运动发生在整个海洋中，其流速与水深、地形等因素密切相关。在海峡、水道和海湾湾口附近，潮流流速较快，且受地形限制，一般具有往复流特点，其流向沿涨潮和落潮两个方向流去；在开阔海域中，潮流流速相对慢一些，且在地转偏向力的作用下往往会形成旋转流，其流向在北半球按顺时针方向旋转，在南半球按逆时针方向旋转。

2.2 潮流的产生

潮流和潮汐相伴共生，因此要了解潮流的产生，必须先了解潮汐的产生。潮汐的产生与潮汐静力理论（又称平衡潮理论）和潮汐动力理论有关。

1. 潮汐静力理论

潮汐静力理论很好地解释了引潮力作用下潮汐现象的周期变化，并在一定程度上可以预测潮周期和潮差。根据潮汐静力理论，假设地球是一个平均半径约 6371km 的完美圆球，其表面完全被等深的海水覆盖，不考虑陆地的存在；海水没有黏性也没有惯性，海面与等势面时刻保持重叠；海水不受地转偏向力和摩擦力的影响。

如果只考虑地球-月球系统，则地球上的海水受地球引力、月球引力以及地球绕地月系统公共质心旋转时所产生的惯性离心力共同作用。其中，月球引力和惯性离心力的合力又被称为月球引潮力。由于惯性离心力在地球上各点大小和方向一致，而月球引力与该地距月球距离的二次方成反比，因此在离月球最近的地球一侧，月球引力大于惯性离心力，月球引潮力方向指向月球，海面在受月球引力最大的地方（*A* 点）（见图 2.1）产生隆起。

而地球另一侧受到的月球引力小于惯性离心力，引潮力方向背向月球，海面在受月球引力最小的地方（*B* 点）也会产生隆起（*B* 点海面隆起高度小于 *A* 点），从而形成一个椭球状等势面，即月潮椭球体。地球自转过程中，地表相对于椭球等势面运动，产生周期性涨落，除南北两极地区外，地表某一个地点通常会经历两次高潮和两次低潮。再考虑月球公转方向与地球自转方向相同，因此地球上同一地点每一次高潮都比前一天晚 50min 左右，形成了一个 27.3 天（恒星月）的变化周期。

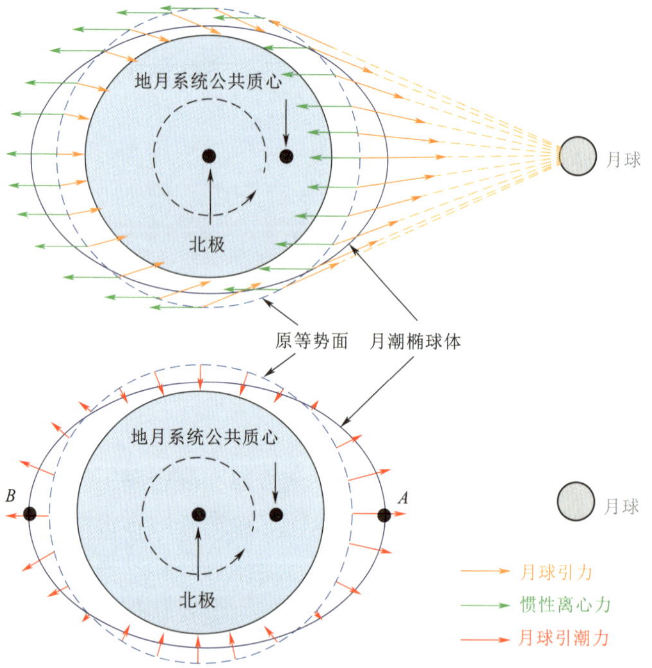

图 2.1　月球引潮力示意图

同理，地球上的海水还受太阳引力的作用，从而出现日潮椭球体（见图 2.2）。引潮力的大小与天体的质量成正比，与天体间距离的三次方成反比。尽管太阳质量比月球大 2700 万倍，但地日距离是地月距离的 390 倍，导致月球引潮力是太阳引潮力的 2.17 倍，因此月球引潮力对地球上海水运动的影响更大。地球、月球和太阳每 29.53 天（合月）恢复一次相对位置。在这一时期，三者有两次是共线的（月球和太阳的夹角相差 0°或 180°），故在满月（望月）和新月（朔月）期间会出现大潮，此时月球和太阳的总引潮力最大。当月球和太阳的夹角、月球和地球的夹角相差 90°或 270°，即半月（上、下弦月）时，月球和太阳的总引潮力最小，这期间会出现小潮。

总的来说，潮汐静力理论建立在客观存在的引潮力上，其体现的潮汐变化周期与实际情况基本相符，计算出来的最大潮差与实际潮差相近。但是，潮汐静力理论的假设条件忽略了自然地形、地转偏向力和摩擦力等因素对海水实际流动过程的影响，无法真实地反映海水的流动过程。运用该理论计算出来的浅海、近岸地区的潮差与实际结果相差较大，也无法解释无潮点和潮龄等现象，存在一定局限性。

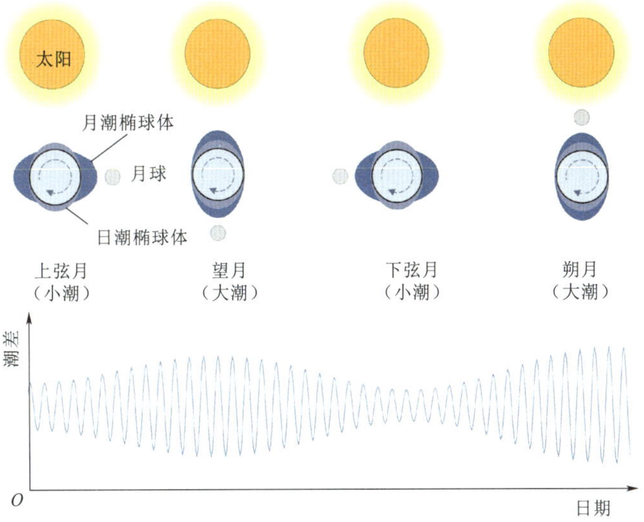

图 2.2　地月日系统的大小潮

2. 潮汐动力理论

为了更准确地描述海洋潮波运动，需要引入潮汐动力理论，从流体动力学角度研究海水在引潮力作用下的运动过程。该理论认为，对于海水运动而言，引潮力的水平分量（水平引潮力）最重要，而引潮力的垂直分量（垂直引潮力）和重力相比非常小，其产生的作用只能使重力加速度产生极小的变化，故不重要。潮汐动力理论还认为，海洋潮汐实际上指的是海水在月球和太阳水平引潮力作用下的一种潮波运动，即水平方向的周期运动和垂直方向的海面涨落。海洋潮波运动在传播过程中，除了受引潮力作用，还受海陆分布、海底地形（如水深）、地转偏向力（即科里奥利力）以及摩擦力等因素的影响。

潮波传入不同地形的海区会产生不同的潮波运动形式。通常在海峡、水道和海湾湾口附近，潮流流速较快，且受地形影响无法旋转，因此潮流具有往复流特点：涨潮流一般是从外海海域经过内海流入湾内，而落潮流则主要由湾内海域向外海方向流动，当潮流介于涨潮流与落潮流发生的中间时刻时，即转流或憩流，潮流流速很慢。如果海湾长度恰好接近潮波波长的 1/4，还会产生 1/4 波长共振，会大大地增加该区域内的潮差。而在半封闭的宽海湾或宽阔的外海域，因地转偏向力对潮波运动的影响不能忽略，故形成旋转潮波（回转流），在北半球沿逆时针方向旋转，在南半球沿顺时针方向旋转。当潮波在长海峡中传播时，地转偏向力也会使潮波发生变形。

3. 分潮

现实中的天体运动十分复杂。天体的运行轨道一般为椭圆形，地月日三者间的相对位置存在多种变化周期（如赤纬角周期变化等），引潮力对地球潮汐的影响也是复杂多变的。为了反映这个复杂变化，学者们运用分潮对其进行分解和简化，即把具有复杂变化周期的潮汐分解成许多个单一周期的分潮，将每个分潮想象成由一个假想天体的引潮力引起的，这些分潮都有一个与地月日之间的某个天文运动相对应的周期以及与特定地理位置相关的振幅和相位。以常见的月球 M_2 分潮为例，假设有一个理想的月球 M_2，它的运动周期和月球的周期相同，沿着以地球为圆心的正圆形轨道绕地球公转且和地球赤道平面夹角为零，每时每刻的运动速度以及距地球的距离保持不变，这个理想月球引起的潮汐即为 M_2 分潮。不同周期的分潮叠加便形成了不同的潮汐周期（见表2.1）。

理论上，潮汐的周期变化可分解为无穷多个分潮，只要利用其中近百个分潮便可以准确地推算实际潮汐。但在进行实际潮汐预报时，常选用较重要的8~11个分潮以得到偏差不大的结果。这些分潮中，最重要的是太阴主要半日分潮（又称月球主要半日分潮，M_2）、太阴主要全日分潮（O_1）、太阳主要半日分潮（S_2）、太阴主要椭率全日分潮（Q_1）、太阴-太阳赤纬全日分潮（K_1）等。其他还有与地月日轨道的周期性有关的量级较小和周期较长的分潮（又称长周期分潮），以及考虑地形、水深等因素的影响（特别是在浅水海区），由潮波变形和干涉引起的浅水分潮。

表2.1 分 潮 表

名称	分潮符号（假想天体符号）	周期（太阳时）	相对振幅（取 $M_2=100$）
	半 日 分 潮		
太阴主要半日分潮	M_2	12.42	100
太阳主要半日分潮	S_2	12	46.5
太阴椭率主要半日分潮	N_2	12.66	19.1
太阴-太阳赤纬半日分潮	K_2	11.97	12.7
	全 日 分 潮		
太阴-太阳赤纬全日分潮	K_1	23.93	54.5
太阴主要全日分潮	O_1	25.82	41.5
太阳主要全日分潮	P_1	24.07	19.3
太阴主要椭率全日分潮	Q_1	26.87	7.9
	长周期分潮		
太阴双周分潮	M_f	327.86	
太阴全月分潮	M_m	661.3	
	短周期（浅水）分潮		
太阴浅水1/4日分潮	M_4	6.21	
太阴浅水1/6日分潮	M_6	4.14	
太阴-太阳浅水1/4日分潮	MS_4	6.10	

注：相对振幅数据来源于圣地亚哥湾[2]。

在谐波分析中，潮汐表示为谐波分量的傅里叶级数。在进行潮汐预报时，某一位置的潮位随时间的变化可按以下公式计算：

$$H(t)=H_0+\sum A_i\cos(2\pi f_i t+\phi_i) \tag{2.1}$$

式中：$H(t)$ 是潮位；H_0 是静止水位；A_i 是第 i 个分潮的振幅；f_i 是第 i 个分潮的频率；ϕ_i 是第 i 个分潮的相位。

4. 潮的分类

潮汐可依据周期大致分为全日潮、半日潮和混合潮，潮流也根据不同的潮汐类型（见表2.2）而发生周期性的变化。其中，全日潮指在一个太阴日（约24h50min）内，只有一次高潮和一次低潮，高潮和低潮之间相隔的时间大约为12h25min。如果在半个月内，连续七天出现全日潮，而其余时间是一天出现两次潮，则这种类型的潮也是全日潮。半日潮指在一个太阴日内发生两次高潮和两次低潮，相邻两次高潮和两次低潮的高度大致相同，涨潮历时和落潮历时大致相同。混合潮分为混合半日潮和混合全日潮。混合半日潮是在一个月的多数时间中，一个太阴日出现两次高潮和两次低潮，但两次高潮和两次低潮的高度相差较大，涨潮历时和落潮历时也不相同，且随月球赤纬的增大而更显著。混合全日潮是在半个月中，一个太阴日出现一次高潮、一次低潮的天数不超过七天，而其余是一个太阴日仍出现两次高潮、两次低潮。在进行具体分类时，可以依据形状因子（F）进行，用主要谐波成分的振幅比来计算，计算方法为：

$$F = \frac{A_{K_1} + A_{O_1}}{A_{M_2} + A_{S_2}} \tag{2.2}$$

从式（2.2）可看出，F 与 M_2、S_2、K_1、O_1 等几个主要分潮的振幅密切相关。由于每个分潮的振幅与某一地理位置的水深和海床几何形状有关，如表2.1中的相对振幅（相对 M_2 分潮振幅）仅代表圣地亚哥湾的分潮，其他海域的分潮可能有不同的相对振幅，因此虽然 M_2 分潮对应的引潮力最大，也是多地的主导分潮，但是实际上并不是所有地区都呈现出半日潮型。而且分潮的强度受洋盆的共振影响，频率接近于洋盆自由振荡频率的分潮强度会被放大，特别是北大西洋和太平洋的半日潮区[3]，以及太平洋的全日潮区[4]，潮汐强度通常较强，潮差较大，潮流也相对强劲。

表2.2　潮　汐　分　类

分类	详　情	形状因子（F）
半日潮	每天2个高潮位和2个低潮位	$0 \leqslant F < 0.25$
混合半日潮	每天2个高潮位和2个低潮位，但第二个高潮位和低潮位与第一个的高度相差较大	$0.25 \leqslant F < 1.5$
混合全日潮	每天1个高潮位和低潮位以及每两周1个小的高潮位和低潮位	$1.5 \leqslant F < 3$
全日潮	每天1个高潮位和1个低潮位	$F \geqslant 3$

2.3　全球潮流的分布特征

全球潮流的分布特征可以从以下4个方面进行了解。

1. 平均潮流速度

平均潮流速度定义为 I 个观测时间点的经向和纬向潮流速度平方和的平方根均值，即

$$\bar{u} = \frac{\sum_{1}^{I} \sqrt{u_{xi}^2 + u_{yi}^2}}{I} \tag{2.3}$$

式中：u_{xi} 为时间节点 i 时的经向潮流速度；u_{yi} 为时间节点 i 时的纬向潮流速度；I 为观测的时间节点总数。全球平均潮流速度较快的区域基本分布在陆地沿海区，特别是海湾、海峡、群岛较多的海域，如中国东部沿海地区、东亚沿海地区、北美洲西北部和东北部沿海地区、欧洲西部以及澳洲北部沿海地区[5]，这些地区均是潮流能的潜在开发地区。

2. 潮差

潮差是指在一个潮汐周期内，最高潮与最低潮之间的水位差。水位差越大，涨落潮时期的潮流速度越快。潮差的范围通常分为三类，即大潮差（4m 以上）、中潮差（2~4m）和小潮差（2m 以下）。大潮差多发生在海湾地区，如芬迪湾（Bay of Fundy，Canada）、布里斯托尔海峡（Bristol Channel，UK）和圣米歇尔山湾（Baiedu Mont Saint Michel，France），春季这些海湾地区的最大潮差可超 14m，这表明陆地的形态对潮流有重要的影响，能产生 1/4 波长共振的海湾往往存在大潮差[6]。其他发生大潮差的区域多在非洲东部、澳洲西北部、亚洲东部、欧洲西部、北美洲西北部和东北部以及南美洲西北部和南部沿海地区。

3. 潮周期

如前文所述，按照周期可将潮汐分为全日潮、混合全日潮、混合半日潮、半日潮 4 个主要类型。全球以半日潮为主。全日潮多出现在澳洲西部、亚洲东北部、东南亚以及中美洲靠近陆地的沿海地区，如墨西哥湾和印度尼西亚群岛。南极港湾附近的海域也有明显的全日潮现象。

4. 不对称性

根据潮汐静力理论的假设条件，在理想条件下，地球海水的涨潮和落潮是对称的，即涨潮和落潮的持续时间和流速相同。但实际情况是，不同分潮的叠加会导致涨落潮时间和流速不对称，这种情形一般在全日潮的区域比较显著[7]。以 M_2、K_1 和 O_1 的分潮组合为例，K_1 和 O_1 的频率之和等于 M_2 的频率，在 K_1 和 O_1 的振幅与 M_2 相比不可忽略的区域将产生不对称的潮汐和潮流，该不对称性取决于分潮的相位。其中，典型的是加利福尼亚海岸（Coastal California），涨潮持续时间比落潮持续时间更长[8,9]，潮流强度也不相同。

2.4 潮流能资源

在海水的周期性运动中，垂直方向的水位差产生势能，水平方向的流动产生动能[10]，这两种能量都可以利用。前者即潮汐能（或潮差能），可采用类似水力发电的方式通过修筑大坝蓄水发电；后者即潮流能，可采用类似风机的工具利用潮流的水平动能推动涡轮机叶片发电。潮流能的能量密度较风能大很多，密度约为空气的 800 多倍，常见的 2m/s 潮流能量密度相当于风速 18.8m/s 的八级大风。

全球的潮流能资源十分丰富。据估算，全球可开发利用的潮流能资源约为 300GW[11]。我国沿海 130 个水道的潮流能理论平均功率约为 14GW。目前全球已经有 20 多个国家在研发潮流能开发利用技术，第一台千瓦级的潮流能机组 HS300 已于 2003 年下水测试，第一个兆瓦级的潮流能商业开发项目也于 2017 年并网发电。

与风力发电一样，潮流能发电对当地的水深和流速有特定要求。考虑技术经济性，机组应尽量布置在潮流能资源较集中的海域。潮流能富集点多在群岛地区的海峡、水道及海湾的狭窄入口处，这些区域受海岸形态和海底地形等因素的影响，流速和能量都较大。全球潮流能资源富集水域见表 2.3[12]。北美洲西北以及东北部、南美洲东部、欧洲西部、澳大利亚西北部、新西兰西部、非洲东部和亚洲东南部海岸潮流速度较快，拥有较丰富的潮流能资源。需要明确的是，虽然某些地区的理论蕴藏量较多，但因政治、经济、人口、生态等因素的影响，并不适合大规模开发。

表 2.3　全球潮流能资源富集水域

国家地区	潮流能资源分布
中国	沿海地区潮流能资源丰富，特别是浙江舟山群岛海域
日本	群岛、海峡潮流能资源十富
韩国	西海岸和南海岸潮流能资源丰富，技术可利用资源超过 500MW
印度	古吉拉特邦的卡奇湾和肯帕德湾的技术可利用资源超过 250MW
澳大利亚	西北部海域潮流能资源丰富，但多是生态保护区或自然风景旅游区
加拿大	努纳武特、魁北克和英属哥伦比省潮流能资源丰富，特别是哈德孙海峡、圣劳伦斯湾和芬迪湾附近海域
英国	苏格兰北部海域潮流能资源最丰富
美国	阿拉斯加、华盛顿、加利福尼亚以及缅因州附近海域潮流能资源丰富
法国	布列尼塔半岛和英吉利海峡附近群岛潮流能资源丰富
智利	潜在的技术可利用潮流能资源超过 500MW

2.4.1　潮流能的特点

潮流能具有以下 4 个主要特点。

1. 潮流能具有规律性和可预测性

潮流能的强弱主要取决于天体引潮力，因此，相比于太阳能、风能和波浪能等依靠天气的能量来说，其可预测性要高得多。此外，潮流能发电量可准确地预测，这对电网供电十分有利。潮汐和潮流运动都可通过调和分析的方法进行预报，调和分析是指将实际观测的潮波通过一定的数学方法分解成多个分潮，并计算各个分潮的调和参数，然后利用这些参数结合现代水动力模拟技术，应用 MIKE、Delft 3D 等商业软件预测大范围的潮流。

2. 潮流能是绿色环保可再生的新能源

传统能源（石油、煤炭等）会释放大量有害气体，不仅会污染大气、土壤和水，还会加剧温室效应。潮流能直接将动能转化为电能，全程不会产生有害物质，也不会污染环境。

3. 潮流能电站投资少，对环境影响小

与潮汐能电站相比，潮流能电站无须建造挡潮坝，极大地减少了资金投入。另外，潮流能机组通常安装在海底或浮于水中，相较于潮汐能电站，潮流能电站对航运和生态的影响较小。

4. 潮流能的能流密度高，且能量稳定

海水的密度是空气的800多倍，因此，潮流能的能流密度比风能大很多，且潮流流速的变化更具规律性，能量输出也更平稳。此外，潮流能发电可以借鉴比较成熟的风电技术（两者的发电原理类似），从而降低了研发难度。

任何资源在利用的过程中都存在弊端，潮流能也不例外。首先，潮流的流速快慢和方向时刻在变化，导致发电机（单或双向）不能高效、持续地输出电能。其次，开发潮流能对地形、地质和海洋环境的要求较高，例如当潮流能水轮机需要安置在海底时，要求海底地势平坦，基岩埋藏浅，且水深条件为20~100m。潮流能电站应尽量选择泥沙含量小的区域，运行过程中还要考虑海洋生物的附着。最后，潮流能选址具有一定的排他性，不宜在军事用海、海洋自然保护区、海洋珍稀物种及重要水产养殖基地、自然旅游资源以及港口航道等地区建设。

2.4.2 开发潮流能的必要性

1. 可持续发展的需要

资源与环境是人类赖以生存的基础，以消耗化石能源和污染环境为代价的发展并非长久之计，因此寻找清洁高效的可再生能源迫在眉睫。世界各国已纷纷把目光转向海洋，虽然当前开发海洋电力在技术上还存在一些问题，在经济上与煤电、核电等相比，其竞争优势也不明显，但是从长远看，向海洋要能源是一个必然的趋势。

据1981年联合国教科文组织出版的《海洋能开发》一书，全球海洋能的理论可再生功率为76.6TW，技术上允许利用的功率为6.4TW，大约为目前全世界发电装机总量的两倍。根据“中国沿海农村海洋能源区划研究”[13] 对我国130个水道的统计数据，我国沿岸潮流能理论平均功率为14GW。其中，东海沿岸95个水道理论平均功率为11GW，占全国总量78.6%；黄海沿岸12个水道理论平均功率为2.3GW，占全国总量16.5%，研究和开发东海以及黄海沿岸的潮流能对我国能源可持续发展具有重要的战略意义。

我国沿海有众多有人居住的海岛，对岛上的居民来说，陆地输电成本高且效率低，开发潮流能是解决他们用电问题的有效途径之一。有效合理地利用海洋能对保障我国能源安全，实现可持续发展，建设资源节约型、环境友好型社会具有积极的推动作用。

2. 环境保护的需要

化石燃料排放的二氧化碳等温室气体已成为危害地球环境的主要因素，逐步建立“低碳排放”社会，利用清洁高效的环保能源将是21世纪世界能源发展的一种必然趋势。海洋能不会产生废气废热，是一种真正的环境友好型能源。

参 考 文 献

[1] 全国科学技术名词审定委员会. 海洋科技名词 [M]. 2版. 北京：科学出版社，2007.

[2] NATIONAL OCEAN SERVICE. Harmonic constituents for 9410170, San Diego, San Diego Bay CA [EB/OL]. https://tidesandcurrents.noaa.gov/harcon.html? id=9410170.

[3] HEATH R. Estimates of the resonant period and Q in the semi-diurnal tidal band in the north atlantic and pacific oceans [J/OL]. Deep Sea Research Part A. Oceanographic Research Papers, 1981, 28 (5): 481-493. https://www.sciencedirect.com/science/article/pii/0198014981901394. DOI: https://doi.org/10.1016/0198-0149 (81) 90139-4.

[4] MULER M. The free oscillations of the world ocean in the period range 8 to 165 hours including the full loading effect [J]. Geophysical Research Letters, 2007, 34 (5): 5606.

[5] PADMAN L, SIEGFRIED M R, FRICKER H A. Ocean tide influences on the antarctic and greenland ice sheets [J/OL]. Reviews of Geophysics, 2018, 56 (1): 142-184. https://agupubs.onlinelibrary.wiley.com/doi/abs/10.1002/2016RG000546. DOI: https://doi.org/10.1002/2016RG000546.

[6] GERKEMA T. An introduction to tides [M/OL]. Cambridge: Cambridge University Press, 2019. DOI: 10.1017/ 9781316998793.

[7] HOITINK A, HOEKSTRA P, MAREN D. Flow asymmetry associated with astronomical tides: Implication for the residual transport of sediment [J/OL]. Journal of Geophysical Research, 2003, 108 (C10): 3315. DOI: 10.1029/ 2002JC001539.

[8] SONG D, WANG X H, KISS A E, et al. The contribution to tidal asymmetry by different combinations of tidal constituents [J/OL]. Journal of Geophysical Research: Oceans, 2011, 116 (C12): C12007. https://agupubs.onlinelibrary.wiley.com/doi/abs/10.1029/2011JC007270. DOI: https://doi.org/10.1029/2011JC007270.

[9] NIDZIEKO N. Tidal asymmetry in estuaries with mixed semidiurnal/diurnal tides [J/OL]. Journal of Geophysical Research, 2010, 115 (C8): C08006. DOI: 10.1029/2009JC005864.

[10] ARBIC B K, KARSTEN R H, GARRETT C. On tidal resonance in the global ocean and the back-effect of coastal tides upon open-ocean tides [J/OL]. Atmosphere-Ocean, 2009, 47 (4): 239-266. https://doi.org/10.3137/OC311.2009.

[11] OCEAN ENERGY SYSTEMS. About OES [EB/OL]. https://www.ocean-energy-systems.org/about-us/.

[12] OMBELLO C. World' s largest tidal turbine successfully installed in Scotland [EB/OL]. 2010. http://www.opportunityenergy.org/? p=316.

[13] 朱实. 中国沿海农村海洋能源区划研究 [J]. 科技通报, 1989 (5): 59-60.

第 3 章 全球主要国家及地区潮流能资源分布

全世界潮流能资源较丰富的地区有欧洲西北部（如苏格兰北部、法国布列塔尼半岛、爱尔兰海域和挪威北部等）和北美洲北部（如阿拉斯加南部地区、哈德逊海峡、昂加瓦湾、温哥华地区以及芬迪湾等）。我国潮流能资源最丰富的省份为浙江，其次为山东、辽宁、江苏、福建、广东、中国台湾等。

虽然世界上潮流能资源的理论蕴藏量巨大，但是实际可开发量与气象、水文、地理环境等因素密切相关，且部分地区会受生态、人口、经济等政策的影响。不同机构的潮流能资源量预测方式和水平不同，结果也存在一定偏差，但预测路线基本相同，都是在理论可开采量的基础上考虑限制条件，从而确定技术可开采量和实际可开采量。

三种开采量的定义如下[1]：

（1）理论可开采量：一般也称资源蕴藏量或资源储量，只考虑大小潮流速、海域面积、海底深度的影响。

（2）技术可开采量：以理论可开采量为基础，综合考虑水深（20~80m）、机组效率、阵列部署技术、支撑结构和入网等技术制约因素，对潮流峰值速度大于一定数值（如1.5m/s）的海域估算的可开采量。

（3）实际可开采量：以技术可开采量为基础，综合考虑区域人口、航道、军事区、生物栖息地、海底管道和电缆等实际约束条件而确定的开采量。

3.1 中国

中国有长达约 18 000km 的海岸线，沿途有大量的岬角和水道，常伴有强烈的潮流，同时东部沿海地区人口密度大、用电需求高，为潮流能的发展提供了良好的条件。

我国十分重视海洋能的开发利用，分别于 1986 年[2]、2004 年[3] 和 2010 年[4]（见表 3.1）开展了三次规模较大的海洋能资源普查。

1986 年，水利电力部会同国家海洋局发起的“中国沿海农村海洋能源区划研究”[2] 是我国第一次海洋能资源普查。此次普查主要以历史数据和经验公式作为手段，选取了 130 条水道作为研究对象，结果显示全国潮流能资源总储量约为 13.96GW，其中 78.6%

表 3.1　中国潮流能资源评估概况

编号	名　　称	时间（年）	机　构	水道数	资源储量（GW）
1	中国沿海农村海洋能源区划研究[2]	1986	水利电力部、国家海洋局	130	13.96
2	我国近海海洋综合调查与评价[3]	2004	国家海洋局	99	8.33
3	中国海洋能近海重点区资源特性与评估分析[4]	2010	国家海洋局	75	5.56

分布在东海的 95 条水道中。黄海沿岸 12 个水道理论平均功率为 2.3GW，占全国总量的 16.5%，南海沿岸 23 个水道理论平均功率为 0.68GW，占全国总量的 4.9%。浙江以 37 个水道的数量居首位，理论平均功率为 7.09GW，约占全国的一半以上，其次是中国台湾、福建、辽宁和山东，储量为 1.13~2.28GW，共计 5.87GW，占全国总量的 41%。本次评估以最大潮流速（u_s）为依据，将 130 条水道划分为三类。其中：一类区为 $u_s \geq 3.1$m/s；二类区为 3.1m/s > $u_s \geq$ 2.0m/s；三类区为 2.0m/s > $u_s \geq$ 1.3m/s。一类区水域主要分布在渤海海峡、江苏南部、浙江北部、福建北部以及中国台湾西南部沿海海域。二类区水域多在辽宁东部、江苏南部、福建中部、中国台湾北部、琼州海峡以及广西南部沿海海域。三类区水域在各沿海省份均有分布。

2004 年，国家海洋局牵头进行的“我国近海海洋综合调查与评价”[3] 为第二次普查，也被称为“908 特别计划”。此次评估是中国最全面的一次大规模海洋可再生能源资源普查，共选择了 99 条水道，并借助普林斯顿海洋模型（Princeton Ocean Model，POM）开展了数值模拟。这次普查的 99 条水道的潮流能资源总储量约为 8.33GW，其中浙江的储量最丰富，约为 5.17GW，占总储量的 62%，其后依次为山东、江苏、福建、广东、海南和辽宁。

2010 年，在国家海洋局海洋能源专项基金的支持下启动了“中国海洋能近海重点区资源特性与评估分析”[4]，这是中国第三次海洋能资源调查。该次评估采用了基于有限体积法的海岸海洋模型模拟（Finite Volume Community Ocean Model，FVCOM），并结合现场调查，评估了 10 个资源丰富地区的 75 条水道的潮流能资源，结果显示总储量约为 5.56GW。这 10 个重点海域的潮流能可开发利用面积共计约 13 890.9km^2（见表 3.2）。其中：三类区面积 13 670.7km^2，占总面积的 98.4%，主要集中于长江口、舟山群岛、琼州海峡海域：二类区面积约 183.6km^2，占总面积的 1.3%：一类区面积 36.6km^2，仅占总面积的 0.3%。

表 3.2　各类潮流能可利用区面积统计表[4]

序号	水道名称	一类区（km^2）丰富区 （$P_{max} \geq 8kW/m^2$）	二类区（km^2）较丰富区 （$8kW/m^2 > P_{max} \geq 4kW/m^2$）	三类区（km^2）可利用区 （$4kW/m^2 > P_{max} \geq 0.8kW/m^2$）
1	渤海海峡	0.0	1.0	41.2
2	成山头	0.0	1.2	27.8
3	胶州湾	0.0	0.0	4.5
4	斋堂岛	0.0	0.0	0.0
5	长江口	0.0	0.0	3263.5
6	杭州湾	0.0	0.0	486.3

续表

序号	水道名称	一类区（km^2）丰富区（$P_{max} \geq 8kW/m^2$）	二类区（km^2）较丰富区（$8kW/m^2 > P_{max} \geq 4kW/m^2$）	三类区（km^2）可利用区（$4kW/m^2 > P_{max} \geq 0.8kW/m^2$）
7	舟山群岛	31.4	160.47	7808.8
8	三沙湾	5.2	21.0	265.8
9	金门海峡	0.0	0.0	3.8
10	琼州海峡	0.0	0.0	1769.0
合计（km^2）		36.6	183.6	13 670.7
总计（km^2）		13 890.9		

从三次资源评估结果可以看出，中国的潮流能资源集中在舟山群岛附近海域，占总储量的一半以上（见图3.1）。此外，由于评估方法和水平的限制，同一地区的评估结果可能会有很大不同。需要说明的是，理论资源评估并不能作为未来潮流能开发的唯一依据，从预测到开发利用还有很长的路要走。在一些资源丰富的地区，严格的用海政策和繁荣的航运可能是潮流能发展不可逾越的障碍。某些地区虽然资源不丰富，但由于电力需求和输电成本较高（例如偏远岛屿和海上平台的电力供应），对潮流能开发有迫切的需求。

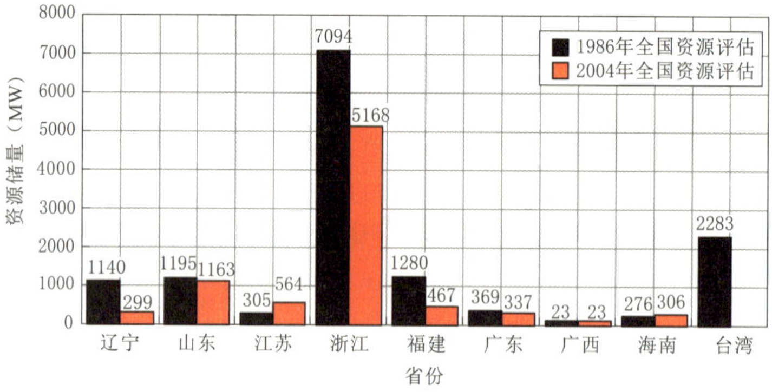

图3.1 1986年和2004年资源评估各省资源对比图[5]

除国家层面的评估外，一些研究机构也利用现场实测或数值仿真的方法对特定海域开展了调查，有些还在一定程度上考虑了政策、航运、海底条件等相关因素的影响，可作为国家调查的有利补充。

下面会采用刘小栋等[5]的方法将中国沿海划分为三个主要海域，即渤海和黄海海域、东海海域、南海海域。

根据欧洲海洋能源中心（European Marine Energy Centre，EMEC）的标准[6]，潮流能资源储量超过50.0MW的海域视为可规模化开发的海域，基于中国潮流能资源总量、流量特征、水深测量、航线、政策等，评估各地大规模开发的潜力，进一步对潮流能资源水域进行分类，主要分为可规模化开发水域和暂不适合规模化开发海域。

可规模化开发海域中（见表3.3），渤海和黄海的成山头资源质量相对较高，水深适宜（40~80m），适合大规模部署商业潮流能发电设备。地方政府对潮流能开发也十分支持，国家浅海海上综合试验场就建在附近[7,8]。

表 3.3 可规模化开发潮流能资源的水域[5]

海域	地区	大潮流速（m/s）	方法	资源储量	有利因素	限制因素
渤海 黄海	成山头	约 2.5	实测仿真	约 120MW	政策友好	影响海洋生态
东海	舟山群岛	>3.5	实测仿真	1.40~3.96GW	高能流密度 政策友好	影响海洋生态 航运路径影响
南海	琼州海峡	>3	实测仿真	190~400MW	高能流密度	水深过深 极端天气

东海的舟山群岛拥有全国最好的潮流能资源，其中又以龟山航门、灌门水道、螺头水道最丰富，该地海床大多为岩基，有利于支撑结构的设计建造。截至 2020 年底，专业人员已在舟山群岛测试了 20 多台装机容量为 10kW 以上的潮流能机组，建立了多个代表性的测试和示范平台。例如，位于葫芦岛水道的中国三峡集团承建的国家潮流能试验场[9]，位于摘箬山岛的浙江大学潮流能机组测试场[10,11]，以及位于岱山县秀山岛东南海域的浙江舟山联合动能新能源开发有限公司测试场[12]。

舟山群岛位于半日潮带，平均潮差 1.9~3.3m，最大值 3.7~5.0m。虽然潮差不算大，但得益于复杂的海床和沿岸条件，流速远快于其他资源区的，大潮流速超 3.0m/s，大多数区域涨潮流速高于落潮流速[5]。2010 年的潮流能资源评估中，舟山群岛的潮流能资源总储量约为 3.96GW，可利用面积超过 8000km^2[4]，主要集中在龟山、灌门、西堠门、螺头等几条水道（见表 3.4）。除全国普查评估外，另有三项研究对舟山群岛海域潮流能资源进行了预测，总量分别为 1.40GW[13]、3.27GW[14] 和 2.50GW[15]，虽然预测值有差异，但都认为舟山群岛海域的潮流能资源总储量达千兆瓦级。

表 3.4 舟山群岛各水道资源评估表

水道	水深（m）	大潮流速（m/s）	平均流速（m/s）	最大能流密度（kW/m^2）	资源储量（MW）
龟山	20~84	3.8~4.5	2.1	21.2~22	232~648
灌门	20~70	3.1~3.5	1.7	15.9	52~191
西堠门	37~62	3.6	1.5	8.3~15.2	81~281.2
螺头	40~110	2.5	1.2	15.2	178~274
金塘	50~100	—	—	2	51~211
量峙门	约 30	3.4	1.8	5.6~15.2	66~180.2
葫芦岛	30~80	2	—	3.3~5	48.2~51

南海琼州海峡潮流能质量与舟山群岛相当，但风浪条件不好，目前的工程技术水平难以对其大规模开发。

中国有部分水域暂不适合大规模开发（见表 3.5）。这些水域通常拥有丰富的潮流能资源，但一些因素导致无法对其进行规模化开发。其中，渤海和黄海的斋堂岛海域是我国较早进行潮流能技术研究的区域之一。由于早期的潮流能研究忽略了资源评估的重要性，因此斋堂岛海域的潮流能资源总量被明显高估，且该处可利用海域面积有限，目前看来并不适合大规模开发商用潮流能发电场。但斋堂岛海域已建成了完善的潮流能辅助基础设施体系，加上海况简单，仍可以用作潮流能测试场。2010—2015 年，在斋堂岛海域还陆续测试了 5 台单机容量大于 10kW 的潮流能机组[16]，但测试机组发电量均未达到预期效果[4]。老铁山水道和胶州湾虽然资源丰富，但航道众多，不适合潮流能商业开发。

东海的三沙湾和长江口都有较丰富的潮流能资源，但这些区域的水产养殖业发达，加上航运繁忙，不适合大规模开发潮流能。中国台湾海峡是我国海洋能资源最丰富的地区之一，但目前暂无法开发。杭州湾的潮流能资源也相当丰富，但因水深过浅、潮差过大，故开发存在一定技术困难。

表 3.5　暂不适合规模化开发潮流能资源的海域[5]

海域	地区	大潮流速（m/s）	方法	资源储量（MW）	有利因素	限制因素
渤海 黄海	斋堂岛	约 2	实测仿真	>17	水深合适 政策支持	资源储量低
	老铁山	2~2.5	实测仿真	270~443	高能流密度	近军事场所
	胶州湾	约 2	实测仿真	10~16	—	资源储量低 航道影响
东海	三沙湾	>2.5	仿真	52~146	高能流密度	生物栖息地
	中国台湾	约 2s	实测仿真	—	—	政治因素
	长江口	2.5~3	仿真	87~240	高能流密度	航道影响
	杭州湾	2.2~2.8	仿真	160~284	高能流密度	水深过浅

我国潮流能资源普查覆盖的区域有限，某些区域可能蕴藏较丰富的潮流能资源，如渤海和黄海的大长岛、小长岛以及庙岛等，但目前缺少相关数据支撑。另外，一些区域的普查结果大多基于历史数据和经验公式。部分偏远岛屿虽然资源有限，但考虑输电成本较高，就近发展潮流能经济优势明显，此类以解决居民基本用电需求的资源调查有待深入研究。某些区域适合开展多种能源的联合利用，例如小洋口海域，未来可以考虑开展潮流能-海上风能多能互补模式的经济性和可行性研究。

刘小栋等[5] 基于已有数据分析，对国内潮流能资源开发提出了几点建议。

（1）重视潮流能资源评估。当前资源评估研究大多聚焦的是舟山群岛和斋堂岛，其他潜在资源蕴藏区未得到应有的重视。除资源总量外，潮流特征、海域水深、电力需求、当地政策以及与其他可再生能源的协同发展均可作为发展潜力的考虑因素。此外，为减少评估（量测）偏差，应该尽快建立统一的评估（量测）方法，制定海洋观测和数值仿真相关指南。

（2）针对低流速海域，优化潮流能机组[17]。与英国、加拿大等拥有优质潮流能资源的国家相比，中国沿海潮流流速总体较慢。例如，英国苏格兰奥克尼群岛部分海域潮流峰值流速可超 5.0m/s[18]，而国内大多数地区的潮流峰值流速小于 2.5m/s，因此高切入速度的潮流能机组并不适合中国[19]，需针对低流速海域进一步优化机组。

（3）开展潮流能规模化开发对环境影响的研究[20]。众多研究表明，商用潮流能发电厂可能会影响水流模式，导致沉积物分布变化，从而影响海洋物理特征和生态系统[21]。目前国内该方面研究较少，在潮流能大规模开发前应充分考虑这个问题，避免出现过高的环境风险。

（4）研究潮流能-海上风能多能互补。世界各地海上风能发展快速，2020年中国海上风电新增装机量约3.1GW，累计装机容量约9GW。2021年我国海上风电新增并网装机量约16.9GW，同比增长440%，至2021年12月全国累计海上风电装机容量约26GW，同比增长188%[22,23]。风电和潮流能机组的协同开发可分摊基础设施和维护费用，提高经济效益。浙江、江苏、福建和广东已建或计划建造的海上风电场均可列入考虑范围[24]。

（5）建立全国性的潮流能资源分布数据库。现有的资源评估内容分散，不利于投资决策和跟踪分析。国家海洋技术中心根据1986年和2004年的调查结果建立了一个简单的数据库[25]，但公开的数据非常有限，缺乏应用条件。特提斯（Tethys）海洋能数据库记录了欧洲、美洲、澳洲和日韩的海洋能资源分布、测试项目、测试场、产业公司、政策并提供部分技术报告，该数据库开放程度高且具备一定的可视化功能。我国也可建立与特提斯海洋能数据库[26]类似的可视化数据库，以促进中国潮流能的发展。

3.2 欧洲

欧洲的海洋能资源丰富，开发条件非常好，各国政府也非常重视相关产业的发展，相继建立了多个海洋能研究和测试中心。英国的潮流能技术和产业在国际上处于领先地位，特别是苏格兰北部地区，不但资源丰富，还拥有现今最大的潮流能研究中心和商业并网项目。英吉利海峡、爱尔兰岛东北部地区以及法国的布列塔尼半岛等也拥有较丰富的潮流能资源。对欧洲主要国家潮流能资源理论蕴藏量评估结果见表3.6，可做参考。

表3.6　欧洲主要国家潮流能资源理论蕴藏量评估结果[27]

国　家	理论潮流能资源		占欧洲潮流能资源总量比重
	GW	TW·h/y	
英国	25.2	50.27	47.7%
法国	22.8	44.4	42.1%
爱尔兰	4.3	8.0	7.6%
荷兰	1.0	1.8	1.8%
德国	0.4	0.8	0.7%
西班牙	0.07	0.13	0.1%

3.2.1 苏格兰

苏格兰是当今已探明海洋能资源最丰富、相关产业最成熟的地区。苏格兰位于欧洲西北部，散布着诸多狭窄的水道和峡湾，尤以彭特兰湾潮流能资源为盛[28]。苏格兰海洋能发展迅猛，2003年在奥克尼群岛成立了欧洲海洋能源中心（European Marine Energy Centre，EMEC），更是极大地促进了这一产业的发展。

位于苏格兰北部的奥克尼群岛（Orkney Islands）和设德兰群岛（Shetland Islands）地形优势明显，岛间狭窄的海峡蕴藏丰富的潮流能资源，特别是奥克尼群岛的彭特兰湾（Pentland Firth）、沃尼斯水道（Fall of Warness）、腊西海峡（Lashy Sound），梅恩兰群岛的布鲁梅尔海峡（Blumell Sound）和耶尔海峡（Yell Sound），大潮流速平均值2.5m/s，峰值可达5m/s，多地大潮平均功率密度超10kW/m²[29]。欧洲海洋能源中心在奥克尼群岛的沃尼斯水道建立了多个测试场，吸引世界各地的制造商测试他们的产品。彭特兰湾位于奥克尼群岛最南方，是世界上已探明潮流能资源最丰富的海湾之一，据估计该区域（仅几平方千米）的潮流能储量为2~8GW。

之前关于彭特兰湾的估计值相差很大，从1GW（一个潮汐周期的平均值）[30]到18GW[31]（峰值流量）不等。德雷珀（Draper）等[32]对彭特兰湾估算的技术可获取电量为4.2GW，但阿德科克（Adcock）等[33]估计的最大可获取量为1.9 GW，这个数值还不到前者的一半。彭特兰湾航道大部分区域大潮平均功率密度为6~8kW/m²，部分区域可达16kW/m²以上[34]。

苏格兰西海岸以其独特的地理位置和美丽的风景闻名于世。内外赫布里底群岛（Inner and Outer Hebrides）在这里形成了一个海湾-水道-岬角密集的海域，在一定程度上增加了潮流的速度[35]。潮流能资源区主要集中在该区南部，如艾莱海峡（Sound of lslay）[36]和阿贝漩涡（Gulf of Corryvreckan）[37]，前者的潮流速度可达2.5m/s，已被西门子-亚特兰蒂斯能源公司（Atlantis Energy，SIMEC）用来开发潮流能发电场。阿贝漩涡处的潮流速度可达4m/s[35]，但此处有非常强的湍流和漩涡[37]，是否适合发电有待进一步研究。艾莱岛的西部和南部的最大潮流速度超4m/s，德·皮耶特罗能源公司和欧洲海洋能源中心策划在该地共同建设一个潮流能测试场。金泰尔角（Mulls of Kintyre）和加洛韦角（Mulls of Galloway）也被多个公司纳入潮流能测试场的考虑范围[38]。天空岛（Skye）和苏格兰大陆之间的凯尔雷海峡（Kyle Rhea）的潮流速度也可达4m/s，是潜在的潮流能开发地。艾莱岛北部峡湾水深较浅、潮流速度慢、海底条件复杂，加上水产养殖业发达，不适合开发潮流能。

苏格兰北海潮流能资源主要集中在阿伯丁（Aberdeen）东北部，大潮流速为0.5~1.5m/s。虽然与西海岸相比，这里的资源相对有限，但北海油气产业衰退，大量闲置的基础设施可用于发展潮流能，同时成熟的海工专业人员也为规模化开发提供了技术保障。北海的潮波与苏格兰其他地区不同步，可与之实现发电时间互补，减少发电间歇性[39]。此外，苏格兰中部地区人口密集（格拉斯哥至爱丁堡），也有助于电力的消纳。苏格兰东海岸的两个主要河口福斯湾（Firth of Forth）和泰湾（Firth of Tay）也蕴藏着丰富的潮流能资源[40,41]，该地水深适中（30~70m），且人口密度较高（爱丁堡和邓迪），但繁忙的航运是其主要的限制因素。

3.2.2 法国

法国的潮流能资源主要集中在布列塔尼半岛（Bretagne）和西英吉利海峡附近海域，大潮期间的潮流流速最高可达4m/s，大、小潮期间的潮流能密度为0.9~12.4kW/m²，平均潮流能密度为 1.6kW/m^2[42]。

芒什省（Manche）北部和西部、阿莫尔滨海省（Côtes-d'Armor）西部及菲尼斯太尔省（Finistère）西部区域潮流能资源丰富，大潮平均流速均超 2.5m/s，特别是奥尔德尼岛（Alderney Island）和阿格角（Cap de la Hague）之间的奥尔德尼海峡（Alderney Race），大潮期间的平均潮流能密度超 7kW/m^2，是理想的潮流能资源开发地。其他一些潜在开发场地还有奥尔德尼岛西部、弗罗夫海峡（Fromveur Strait）、拉兹·德·塞恩水道（Raz de Sein）、布雷哈特（Bréhat）、乌尚特岛（Ushant）西部以及格恩西岛（Guernsey）东部。郎代省（Landes）至伊勒-维莱讷省（Ile-et-Vilaine）之间的海域，除吉伦特河口（Estuaire de la Gironde）外，潮流流速均较慢，不具备开发条件。法国潮流能机组测试场主要有用于全尺寸机组并网测试的潘波尔·布雷哈特测试场（Paimpol-Bréhat Site）和用于小尺寸模型机测试的埃泰勒测试场（Etel Ria Site）。

总体来说，在法国附近海域使用高效率和低效率的潮流能发电机阵列进行资源开发时，若仅考虑平均潮流速度大于 1.5m/s 的海域，潮流能总技术可开发量可达 9.71GW 或 1.46GW，若考虑平均潮流流速大于 0.5m/s 的海域，潮流能总技术可开发量则为 16.58GW 或 2.49GW[43]。

3.2.3　爱尔兰岛

爱尔兰岛分为两部分，南部是爱尔兰共和国，占全岛面积的大部分，北部是英国的北爱尔兰地区。强潮流主要出现在爱尔兰本岛的北部和东部海岸，特别是从圣乔治海峡（St George's Channel）和北海峡（North Channel）进入爱尔兰海（Irish Sea）的潮流十分强劲，西海岸和南海岸的潮流流速相对较慢。大型潮流通常位于海峡或岬角附近[44]，这些狭窄的地形会产生漏斗效应，增加潮流的流速[45]。

鲁尔克（Rourke）等[46]对爱尔兰周围海域的潮流能资源进行了评估，认为理论上潮流能总蕴藏量大约为 230TW·h/y，技术可开发潮流能总量约为 10.46TW·h/y。爱尔兰国家能源机构（Sustainable Energy Ireland）于 2004 年选定了 11 个大潮峰值流速大于 2m/s 的海域站点开展潮流能资源技术可开发量评估[47]。该项评估考虑了潮流能装置的阵列方式，设定水轮机间距为 65m，计算的潮流能资源的技术可开发量约为 0.915TW·h/y[48]。爱尔兰周边有 8 个资源蕴藏量比较大的海域（见表 3.7），其中，斯特兰福特湾（Strangford Lough）已经有比较完善的测试并网条件，在 2009 年就测试了西门子·亚特兰蒂斯能源公司（SIMEC Atlantis Energy）的 Sea Gen-S 1.2MW 机组[49]。

表 3.7　爱尔兰周边海域潮流能资源分布

海　域　名　称	英　文　名	资源蕴藏量（GW·h/y）
夏农河口	Shannon Estuary	30
伊尼什特拉哈尔岛海峡	Inishtrahull Sound	260
福伊尔河口	Lough Foyle	120
东北角	North East Coast	130
科普兰群岛	Ram Race-Copeland Islands	60

续表

海 域 名 称	英 文 名	资源蕴藏量（GW·h/y）
斯特兰福特湾	Strangford Lough	180
加斯卡烷海峡	Gascanane Sound	110
德西岛海峡	Dursey Sound	15

3.2.4 挪威

挪威面积约 385 000km^2，人口 500 多万，其北部地区岛屿、海峡众多，多处海域的平均大潮流速可达 4 m/s，拥有比较丰富的潮流能资源。很多研究机构对该区域的资源蕴藏量做了细致的评估。例如，弗罗伯格（Froberg）[50] 评估了 12 个代表性场址的资源蕴藏量为 2.3TW·h/y，据此估计挪威周边海域 58 个场址的潮流能资源总量达 3.4~6.8TW·h/y。挪威能源管理公司（Enova SF）的研究显示，挪威 24 个海峡的潮流能技术可开发总量约 1TW·h/y[51]。格拉贝（Grabbe）等[52] 选取了 104 个站点进行资源评估分析，结果表明挪威周边海域的潮流能资源蕴藏量大约为 17TW·h/y。

据统计，挪威北部海域有 8 个平均大潮流速超过 2m/s 且潮流能资源蕴藏量均超 300MW·h/y 的海域（见表 3.8）。

表 3.8 挪威北部海域潮流能资源分布

海 域	平均大潮流速(m/s)	海域宽度(m)	平均深度(m)	资源蕴藏量(MW·h/y)
默斯肯漩涡布(Moskenstraumen)	3.09	4000	45	4798
布吕尼伦(Brynilen)	3.09	4000	26	2772
勒斯特岛海域(Røst)	2.06	5000	40	1580
卡特岛海峡(Kartøysundet)	3.09	1400	40	1493
萨朗维尔凯(Salangsverket)	3.09	400	50	533
瑞斯特蒙(Rystraumen)	3.09	480	30	384
马杰罗伊桑代(Magerøysundet)	2.06	1100	40	348
沃西斯纳(Vågsøysundet)	2.06	1000	40	316

3.3 加拿大

2005 年加拿大通过了一项为期 3 年的海洋可再生能源数字化图集计划。作为该计划的第一阶段，加拿大国家研究委员会水利中心（Canadian Hydraulics Centre at the National Research Council，NRC-CHC）等多家单位启动了海洋可再生能源的评价项目，并于 2006 年发布了《加拿大海洋可再生能源研究报告》(Inventory of Canadian Marine Renewable Energy Resources)。该报告指出，加拿大周边海域平均功率为 1MW 以上的场址有 190 个，潮流能资源总量多达 42GW，约为当时加拿大电力需求的 63%，但这只是资源蕴藏量而非技术可开发量。其中，加拿大新斯科舍省芬迪湾（Bay of Fundy）的米纳斯水湾（Minas Basin）的潮流能蕴藏量已经超过了 1GW，仅开发其中的 15% 就足以为 120 000 个加拿大家庭供电[53]。

加拿大沿海各省、地区及海域的潮流能资源不同（见表 3.9、表 3.10），其中以努纳武特行政区资源最丰富，特别是哈得孙海峡和昂加瓦湾。但现阶段加拿大主要的测试场址是新斯科舍省的芬迪海洋能源研究中心（The Fundy Ocean Research Centre for Energy，FORCE）。

表 3.9　加拿大沿海各省和地区潮流能资源蕴藏量

省份名称	英文名	资源蕴藏量（MW）
努纳武特	Nunavut	30567
魁北克省	Quebec	4288
英属哥伦比亚	British Columbia	4015
新斯科舍省	Nova Scotia	2122
新布伦瑞克省	New Brunswick	636
纽芬兰与拉布拉多省	Newfoundland and Labrador	544
西北地区	Northwest Territories	35
爱德华王子岛省	Prince Edward Island	33
总计	Total	42 240

表 3.10　加拿大各主要水道潮流能资源分布

海域名称	英文名	资源蕴藏量（MW）
哈得孙海峡	Hudson Strait	29 595
昂加瓦湾	Ungava Bay	4112
温哥华外湾	Vancouver	3580
芬迪湾	Bay of Fundy	2725
极地群岛	Arctic	1008
圣劳伦斯湾	Gulf of St Lawrence	537
圣劳伦斯河	St. Lawrence River	153
夏洛特皇后群岛	Queen Charlotte Islands	81

3.4　美国

2012 年德夫恩（Defne）等[54]对美国 150 多个地区进行了潮流能资源的评估。因有众多的岛屿和海湾，故阿拉斯加（Alaska，AK）被认为是美国潮流能资源蕴藏量最大的地方，特别是东北部的库克湾，不但能量密度高，其面积也比其他资源区域大。但是大多数资源丰富的群岛远离人口密集的城市，不利于潮流能资源的开发利用。华盛顿州（Washington，WA）以及缅因州的潮流能资源蕴藏量虽不及阿拉斯加，但是这些海域靠近西雅图、温哥华等人口密集地区，减少了电力运输的成本。其他具有潮流能开发潜力的还有俄勒冈州、加利福尼亚州、新罕布什尔州、马萨诸塞州、纽约州、新泽西州、北卡罗来纳州、南卡罗来纳州、佐治亚州和佛罗里达州。

美国 11 个资源比较丰富的潮流能资源地区平均能量密度大于 $1kW/m^2$，占地面积为 20~5000m^2，平均水深为 20~100m（见表 3.11）。

表 3.11　美国主要水道概况及潮流能资源总量

州名称	地　区　名　称	占地面积 (m^2)	平均水深 (m)	平均能量密度 (kW/m^2)	资源蕴藏量 (MW)
AK	库克湾（Cook Inlet）	5285	34	5.34	28 243
AK	艾西海峡（Icy Strait）	274	94	8.78	2406
AK	布里斯托尔湾（Bristol Bay）	160	28	5.00	800
AK	乌姆克海峡（Umnk Pass）	97	56	2.14	208
AK	艾厄克塔利克岛（Aiaktalik Island）	79	28	2.50	197
WA	罗萨里奥海峡（Rosario Strait）	45	53	3.35	151
AK	阿库坦海峡（Akutan Pass）	50	49	2.87	144
AK	阿特卡岛（Atka Island）	41	36	3.44	141
AK	乌纳尔加海峡（Unalga Pass）	25	64	3.75	94
AK	尤加马克海峡（Ugamak Strait）	63	48	1.34	84
AK	德宾海峡（Derbin Strait）	23	54	2.35	54

3.5　澳大利亚

澳大利亚的潮流能资源蕴藏量很大，特别是澳大利亚西部、北部以及东南部，不过很多地区由于自然保护和旅游开发的原因而不适合大规模开发潮流能，如昆士兰州（Queensland）的大堡礁（Great Barrier Reef）和托雷斯海峡（Torres Strait），西澳大利亚州（Western Australia）的金伯利海域（Kimberley）和约瑟夫·波拿巴湾（Joseph Bonaparte Gulf），北领地（Northern Territory）的巴瑟斯特岛（Bathurst Island）、梅尔维尔岛（Melville Island）和邓达斯海峡（Dundas Strait）以及塔斯马尼亚（Tasmania）东南部等潮流能资源相对丰富的区域因环保要求而不在潮流能发电场的选址考虑范围内。

马什（Marsh）等[55] 通过多准则评估（Multi-Criteria Evaluation，MCE）方法完成了澳大利亚附近海域的潮流能资源的可开发性分析，结果表明西北部的布鲁姆（Bloome）、克拉伦斯海峡（Clarence Strait）和东南部的班克斯海峡（Banks Strait）这三个地方最适合潮流能资源的开发。

经分析，布鲁姆、克拉伦斯海峡和班克斯海峡附近适合潮流能机组大型毗连区域的面积分别为 $534km^2$、$67km^2$ 和 $1km^2$，其中布鲁姆附近的峰值潮流速度接近 3m/s。同时该区域南部风力速度约 5m/s，北部风力速度约 4m/s，适合开发潮流能和海上风能的多能互补混合发电场。

克拉伦斯海峡在西南弗农岛（South-West Veron Island）和东弗农岛（East Vernon Island）之间的霍华德海峡（Howard Channel）中，有一小块高适宜性区域，但是面积很小，只有约 0.25km^2。

澳大利亚东南部的班克斯海峡位于弗诺群岛（Furneaux Group）和塔斯马尼亚东北角之间，宽约 15km。它连接巴斯海峡（Bass Strait）东南部地区和塔斯曼海，海水深度为 29~52m，平均深度为 42m，潮流平均流速为 0.93m/s，平均峰值流速为 2.0m/s，最大峰值流速为 2.9m/s。在波特兰角（Cape Portland）附近已建成马瑟罗风电场（Musselroe Wind Farm），周围的风能资源丰富。2015 年关闭的圣雷莫潮流能测试场（San Remo test site）就在巴斯海峡北部靠近墨尔本的海域，因此该海域也可开发潮流能和海上风能的多能互补混合发电场。澳大利亚主要的潮流能资源海域为塔斯马尼亚东北部以及从班克斯海峡中部到克拉克岛（Clarke Island）南部的海域。该处最大的潮流能资源区就在克拉克岛南部岬角，据估计，其潮流能和风能发电场的实际可开采量约 215MW[56]。

3.6 东南亚国家

尽管大多数东南亚国家仍然十分依赖石油和天然气等传统能源，但也逐渐意识到开发可再生能源的重要性和必要性。东南亚国家不但在地热、风能和太阳能方面具有发展的潜力，还拥有丰富的潮流能资源（见表 3.12）。不过由于东南亚国家对潮流能资源的评估和利用技术还处在比较早期的水平，因此很多资源评估结果有待进一步确认。

表 3.12 东南亚各主要国家潮流能资源概况

国家	潮流能资源
印度尼西亚	理论蕴藏量约 160GW，技术可开发量约 22.5GW，实际可开发量约 4.8GW。其中，阿拉斯海峡预计在 2m/s 的峰值流速下，资源量为 641.622GW·h/y，实际年可开发量约 329.299GW·h
马来西亚	年可开发量约 14.502GW·h/y
菲律宾	理论蕴藏量约 200GW，实际可开发量 40~60GW
新加坡	理论蕴藏量约 3TW·h/y，实际可开发量约 250MW
缅甸	仰光河大潮流速 2~3m/s，总体缺少观测数据
文莱	理论蕴藏量约 335kW
泰国	潮流能资源匮乏
越南	主要开展的是潮汐能和波浪能的观测研究

根据印度尼西亚海洋能源协会（Indonesian Ocean Energy Association，INOCEAN）关于该国海洋能资源的研究，印度尼西亚的潮流能资源理论蕴藏量约 160GW，实际可开发量约 4.8GW。其中，阿拉斯海峡（Alas Strait）有丰富的潮流能资源，水深为 24~40m，峰值流速超过 2m/s，每年预计可开发潮流能资源总量约 329.299GW·h。拉兰图卡海峡（Larantuka Strait）潮流流速为 3~4m/s，潮流能密度约 10kW/m^2，潮流能资源总蕴藏量可达 5GW[57]。

雅各布（Yaakob）等[58] 曾认为，与其他东南亚国家相比，马来西亚在海洋可再生能源方面的开发潜力较小。但科赫（Koh）和林（Lim）[59] 的研究却认为古打毛律（Kota Belud）海域的潮流能资源总蕴藏量能达到 8188GW·h/y，诗巫（Sibu）的潮流能资源蕴藏量也能达到 386GW · h/y，具备较好的开发潜力。2010 年，林（Lim）和科赫（Koh）[60] 的评估结果显示上述两个地方以及詹文安岛（Jambongan Island）的潮流能资源技术可开发量约 14.5GW · h/y。由此可见，对于马来西亚海域潮流能资源的情况有待进一步调研。

菲律宾国立大学（University of the Philippines，UP）和南洋理工大学（Nanyang Technological University，NTU）的研究人员预测的菲律宾海域潮流能资源的理论蕴藏量为 200GW，其中 40~60GW 是实际可开发的。目前，在菲律宾能源部的支持下，菲律宾国立大学获得了该国科学技术部的一笔专项经费，用于支持研究人员开展菲利普松群岛的潮流能场调查研究工作[61]。

新加坡的潮流能资源相对丰富，据评估，该国相关海域潮流能资源蕴藏量达 3TW · h/y 时，技术可开发量为 900~1200GW · h/y。若考虑自然和人文环境因素的限制，则实际可开发量仍有 300~600GW · h/y[57]。

缅甸尚未对海洋可再生能源进行广泛研究。但是，缅甸周边海域有几个区域的潮差是东南亚地区最大的，半日潮差可达 5~7m，非常适合开发潮汐能。此外，缅甸海域盐差能的理论蕴藏量也非常大。

越南拥有广阔的海岸线，海洋能资源丰富。不过目前开发的海洋能项目多集中在潮汐能和波浪能，潮流能开发项目还较少。

对于东南亚其他国家，有研究指出，文莱、柬埔寨及泰国的海洋能资源比较匮乏，整体来说，以现有的技术很难达到商业化开发运作的程度[62]。关于这些地区的海洋能资源情况仍在深入研究中。

3.7 其他国家或地区

世界上还有一些国家分布潮流能资源丰富的海域（见表 3.13），具备良好的开发价值，但由于其国内缺乏相关详细的、全面的研究（如墨西哥、新西兰等），未开展海洋能开发实践，或把研究方向主要放在潮汐能等其他海洋能开发领域（如韩国），潮流能资源情况未得到足够的重视。

表 3.13 其他国家或地区潮流能资源情况

国家	地区	资源情况
韩国西部、南部	乌尔多莫克海峡、始华湖、加露林湾等	潮流能资源实际可开发量大，但是开发项目多以潮汐能为主
日本南部	长崎县五岛市	三个水道实际可利用资源为 50~107MW
墨西哥西部	加利福尼亚湾的米德里夫群岛	最大的技术可开发功率为 100~200MW
意大利南部	墨西拿海峡	最大潮流流速为 1.8~3m/s，水深不超过 45m
新西兰	库克海峡、凯帕拉港	理论资源蕴藏量丰富
智利中部	查考海峡	小潮时潮流流速约 2m/s，大潮时潮流流速超过 4m/s

韩国的海洋能资源丰富，西海岸和南海岸以强劲的潮流闻名。不过韩国的大型项目多以潮汐能为主，西部地区主要有254MW 的始华湖潮汐能发电站（Sihwa Tidal Power Plant）以及规划中的加露林湾潮汐能发电站（Carolim Tidal Power Plant），南部地区的项目有在建的 50MW 的乌尔多莫克潮汐能发电站（Uldolmok Tidal Power Station），该海域的潮流流速极快，最快可达 6.5m/s。此外，南部地区潮流流速超过 2.5m/s 的昌竹（Changjuk）、芒格水道（Maenggol）、洪根（Hoenggan）和大邦（Daebang）水道也是开发潮流能的优质区域。韩国海洋研究和开发院（Korea Ocean Research and Development Institute，KORDI）利用二维潮流数值模型模拟了韩国南部沿海潮流能资源情况，得到其潮流能资源理论蕴藏量约为 5900MW，实际可开发量约为 470MW[63]，开发潜力巨大。

日本长崎县五岛市（Goto，Nagasaki）有三条适合潮流能开发的平行水道，经估算这三个水道的实际可开发量为 50～107MW[64]。日本政府在此规划了国家潮流能测试场，2021 年已在其中的奈留-久贺岛海峡（Naru-Hisaka Strait）成功安装并网了一台 AR500 机组，该机组运行一年共发电 247MW·h。

墨西哥加利福尼亚湾的米德里夫群岛（Midriff Islands，Gulf of California）的潮流能资源同样非常丰富。该地区潜在的潮流能资源开发场址主要为：圣洛伦佐岛（Isla de San Lorenzo）和圣埃斯特万岛（Isla San Esteban）之间的水道，最大流速约 2.4m/s；下加利福尼亚半岛（Peninsula de Baja California）和圣洛伦佐岛之间的海峡；圣埃斯特万和蒂布龙岛（Isla Tiburon）之间的海峡；下加利福尼亚半岛和拉瓜尔达天使岛（Angel de la Guarda Island）之间的拉纳斯海峡（Ballenas Channe）北部区域。梅贾·奥利瓦雷斯（Mejia Olivares）等[65] 对该海域进行了详细的潮流能资源评估，同时也进行了实际潮流资源监测。结果表明，模拟计算的米德里夫群岛附近海域的潮流峰值流速可达 2.4m/s，理论功率密度为 3～6kW/m^2。实测结果低于理论计算值，实测的功率密度仅为 0.1～0.65kW/m^2，根据实测结果估计的潮流能资源最大可开发量为 100～200MW。

墨西拿海峡（Stretto di Messina）位于意大利西西里自治区（Sicilia）和卡拉布里亚区（Calabria）之间，连接西边的第勒尼安海（Tyrrhenian Sea）和东边的爱奥尼亚海（Ionian Sea）。由于两处海域的潮汐并不同步，涨潮时海水一般流向第勒尼安海，而退潮时流向爱奥尼亚海[66]，最大潮流流速在海峡中最狭窄处为 1.8～3m/s，特别是在近岸区域，潮流流速大小合适且水深不超过 45m[67]，因此具备开发潮流能资源的潜力。

新西兰西部海域理论上蕴藏丰富的潮流能资源。文内尔（Vennell）[68] 估算的新西兰库克海峡（Cook Strait）潮流能蕴藏量达 15GW，凯帕拉港（Kaipara Harbour）水道入口处的潮流能蕴藏量为 110～240MW。

智利的查考海峡（Chacao Channel）位于湖大区（Los Lagos Region），将奇洛埃岛（Isla Grande de Chiloe）从智利大陆分隔。因该海域多为规则的半日潮，故输出功率每天有 4～5 个峰值，小潮时潮流流速约 2m/s，大潮时潮流流速超过 4m/s，潮流能资源蕴藏量很大，预计潮流能机组阵列的总装机容量可达 45.6MW，年发电量可达 191.4GW·h[69]。

参考文献

[1] O'ROURKE F, BOYLE F, REYNOLDS A. Tidal current energyresource assessment in Ireland: Current

status and future update [J/OL]. Renewable an Sustainable Energy Reviews, 2010, 14 (9): 3206-3212. DOI: 10. 1016/j. rser. 2010. 07. 039.

[2] 朱实. 中国沿海农村海洋能源区划研究 [J]. 科技通报, 1989 (5): 59-60.

[3] 韩家新. 中国近海海洋: 海洋可再生能源 [M]. 北京: 海洋出版社, 2015.

[4] 罗续业, 夏登文. 中国海洋能近海重点区资源特性与评估分析 [M]. 北京: 海洋出版社, 2017.

[5] LIU X, CHEN Z, SI Y, et al. A review of tidal current energy resource assessment in China [J/OL]. Renewable and Sustainable Energy Reviews, 2021, 145 (3): 111012. https: //www. sciencedirect. com/science/article/pii/S1364032121003026. DOI: https: //doi. org/10. 1016/j. rser. 2021. 111012.

[6] LEGARAND C. Assessment of tidal energy resource. Report by Black&Veatch [R]. Report for European Marine Energy Centre (EMEC), 2009.

[7] QIU S, LIU K, WANG D, et al. A comprehensive review of ocean wave energy research and development in China [J/OL]. Renewable and Sustainable Energy Reviews, 2019, 113: 109271. https: //www. sciencedirect. com/science/article/pii/S1364032119304794. DOI: https: //doi. org/10. 1016/j. rser. 2019. 109271.

[8] LIU X, YUAN P, WANG S, et al. Simulation Study of Potential Impacts of Tidal Farm in the Eastern Waters of Chengshan Cape, China [J/OL]. Journal of Ocean University of China, 2019, 18: 1041-1050. DOI: 10. 1007/s11802-019-3975-6.

[9] ZHANG D, LIU X, TAN M, et al. Flow field impact assessment of a tidal farm in the Putuo-Hulu Channel [J/OL]. Ocean Engineering, 2020, 208: 107359. https: //www. sciencedirect. com/science/article/pii/S0029801820303905. DOI: https: //doi. org/10. 1016/j. oceaneng. 2020. 107359.

[10] LI Y, LIU H, LIN Y, et al. Design and test of a 600-kW horizontal-axis tidal current turbine [J/OL]. Energy, 2019, 182: 177 - 186. https: //www. sciencedirect. com/science/article/pii/S0360544219310369. DOI: https: //doi. org/10. 1016/j. energy. 2019. 05. 154.

[11] LI Y, LI W, LIU H, et al. Indirect load measurements for large floating horizontalaxis tidal current turbines [J/OL]. Ocean Engineering, 2020, 198: 106945. https: //www. sciencedirect. com/science/article/pii/S0029801820300287. DOI: https: //doi. org/10. 1016/j. oceaneng. 2020. 106945.

[12] WEI ZHU F, DING L, HUANG B,et al. Blade design and optimization of a horizontal axis tidal turbine [J/OL]. Ocean Engineering, 2020, 195: 106652. https://www. sciencedirect. com/science/article/pii/S0029801819307723. DOI: https: //doi. org/10. 1016/j. oceaneng. 2019. 106652.

[13] 侯放, 于华明, 鲍献文, 等. 舟山群岛海域潮流能数值估算与分析 [J/OL]. 太阳能学报, 2014, 35: 125-133. http: //en. cnki. com. cn/Article_ en/CJFDTotal-TYLX201401021. htm.

[14] LI D, YAO Y, CHEN Q, et al. Numerical simulation of tidal current energy in Yangtze Estuary-Hangzhou Bay, China [C/OL] //OCEANS 2015 - Genova. 2015: 1 - 6. DOI: 10. 1109/OCEANS - Genova. 2015. 7271385.

[15] 王卫远, 杨娟. 舟山海域潮流能资源评估 [J/OL]. 海洋开发与管理, 2017 (3): 54-60. http: //en. cnki. com. cn/Article_ en/CJFDTOTAL-HKGL201703009. htm.

[16] LIU Y, LI Y, HE F, et al. Comparison study of tidal stream and wave energy technology development between China and some western countries [J/OL]. Renewable and Sustainable Energy Reviews, 2017, 76: 701 - 716. https: //www. sciencedirect. com/science/article/pii/S136403211730360X. DOI: https: //doi. org/10. 1016/j. rser. 2017. 03. 049.

[17] YOSRY A G, FERNANDEZ-JIMENEZ A, ALVAREZ-ALVAREZ E, et al. Design and characterization of a vertical-axis micro tidal turbine for low velocity scenarios [J/OL]. Energy Conversion and Management, 2021, 237: 114144. https: //www. sciencedirect. com/science/article/pii/S0196890421003204. DOI: https: //doi. org/10. 1016/j. enconman. 2021. 114144.

[18] MURRAY R O, GALLEGO A. A modelling study of the tidal stream resource of the Pentland Firth, Scotland [J/OL]. Renewable Energy, 2017, 102: 326-340. https://www.sciencedirect.com/science/article/pii/S0960148116309181. DOI: https://doi.org/10.1016/j.renene.2016.10.053.

[19] WTA B, ZMA B, HAO D C. Design, test and numerical simulation of a low-speed horizontal axis hydrokinetic turbine [J]. International Journal of Naval Architecture and Ocean Engineering, 2018, 10 (6): 782-793.

[20] NASH S, PHOENIX A. A review of the current understanding of the hydroenvironmental impacts of energy removal by tidal turbines [J/OL]. Renewable and Sustainable Energy Reviews, 2017, 80: 648 - 662. https://www.sciencedirect.com/science/article/pii/S1364032117309346. DOI: https://doi.org/10.1016/j.rser.2017.05.289.

[21] FOX C J, BENJAMINS S, MASDEN E A, et al. Challenges and opportunities in monitoring the impacts of tidal-stream energy devices on marine vertebrates [J/OL]. Renewable and Sustainable Energy Reviews, 2018, 81: 1926-1938. https://www.sciencedirect.com/science/article/pii/S1364032117309395. DOI: https://doi.org/10.1016/j.rser.2017.06.004.

[22] DíAZ H, Guedes Soares C. Review of the current status, technology and future trends of offshore wind farms [J/OL]. Ocean Engineering, 2020, 209: 107381. https://www.sciencedirect.com/science/article/pii/S002980182030411X. DOI: https://doi.org/10.1016/j.oceaneng.2020.107381.

[23] THE WINDPOWER WIND ENERGY MARKET INTELLIGENCE. China-Wind farms-Online store [EB/OL]. https://www.thewindpower.net/store_ country_ en.php? id_ zone=9.

[24] SI Y, CHEN Z, ZENG W, et al. The influence of power-take-off control on the dynamic response and power output of combined semi-submersible floating wind turbine and point-absorber wave energy converters [J/OL]. Ocean Engineering, 2021, 227: 108835. https://www.sciencedirect.com/science/article/pii/S0029801821002705. DOI: https://doi.org/10.1016/j.oceaneng.2021.108835.

[25] 国家海洋技术中心. 中国海洋可再生能源管理服务平台 [EB/OL]. http://www.cmreac.com/pp-front/map/map.

[26] PACIFIC NORTHWEST NATIONAL LABORATORY (PNNL). Tethys-Environmental Effects of Wind and Marine Renewable Energy [EB/OL]. https://tethys.pnnl.gov/.

[27] HAMMONS T. Energy potential of the oceans in Europe and North America: Tidal, wave, currents, otec and offshore wind: volume 28 [M/OL]. 2011. DOI: 10.2316/Journal.203.2008.4.203-4142.

[28] SMITH L. Highlights of the north [J/OL]. New Scientist, 2008, 198 (2659): 52 - 55. https://www.sciencedirect.com/science/article/pii/S0262407908614414. DOI: https://doi.org/10.1016/S0262-4079 (08) 61441-4.

[29] BRYDEN I G, BULLEN C R, BAINE M S, et al. An Assessment of Tidal Streams as Energy Sources in Orkney and Shetland [J/OL]. Underwater Technology, 1995, 21: 21 - 29. DOI: https://doi.org/10.3723/175605495783326649.

[30] BLACK&VEATCH CONSULTING. Phase II, UK tidal stream energy resource assessment [S]. Marine Energy Challenge Report No. 107799/D/2100/05/1, 2004.

[31] SALTER S, TAYLOR J. Vertical-axis tidal-current generators and the Pentland Firth [J/OL]. In: Proceedings of the Institution of Mechanical Engineers, Part A: Journal of Power and Energy, 2007, 221 (2): 181 - 199. https://www.scopus.com/inward/record.uri? eid = 2 - s2.0 - 34248369378&doi = 10.1243% 2f09576509JPE295&partnerID = 40&md5 = ee6802573816d2c792ad956b327913ca. DOI: 10.1243/09576509JPE295.

[32] DRAPER S, ADCOCK T A, BORTHWICK A G, et al. Estimate of the tidal stream power resource of the Pentland Firth [J/OL]. Renewable Energy, 2014, 63: 650-657. https://www.sciencedirect.com/sci-

ence/article/pii/S0960148113005466. DOI: https: //doi. org/10. 1016/j. renene. 2013. 10. 015.

[33] ADCOCK T A A, DRAPER S, HOULSBY G T, et al. The available power from tidal stream turbines in the Pentland Firth [J/OL]. In: Proceedings of The Royal Society, 2013, 469. DOI: https: //doi. org/10. 1098/rspa. 2013. 0072.

[34] BROWN A J G, NEILL S P, LEWIS M J. Tidal energy extraction in three-dimensional ocean models [J]. Renewable Energy, 2017, 114: 244-257.

[35] ELLETT D, EDWARDS A. Oceanography and inshore hydrography of the Inner Hebrides [J]. In: Proceedings of the Royal Society of Edinburgh, 1983, 83 B: 143-160.

[36] MILNE I A, SHARMA R N, FLAY R G J, et al. Characteristics of the turbulence in the flow at a tidal stream power site [J/OL]. Renewable Energy, 2013. DOI: https: //doi. org/10. 1098/rsta. 2012. 0196.

[37] DALE A, BOULCOTT P, SHERWIN T. Sedimentation patterns caused by scallop dredging in a physically dynamic environment [J/OL]. Marine Pollution Bulletin, 2011, 62 (11): 2433 - 2441. https: //www. sciencedirect. com/science/article/pii/S0025326X11004486. DOI: https: //doi. org/10. 1016/j. marpolbul. 2011. 08. 024.

[38] LEWIS M, NEILL S, ROBINS P, et al. Resource assessment for future generations of tidal-stream energy arrays [J/OL]. Energy, 2015, 83: 403 - 415. https: //www. sciencedirect. com/science/article/pii/S0360544215001930. DOI: https: //doi. org/10. 1016/j. energy. 2015. 02. 038.

[39] NEILL S P, HASHEMI M R, LEWIS M J. Tidal energy leasing and tidal phasing [J/OL]. Renewable Energy, 2016, 85: 580 - 587. https: //www. sciencedirect. com/science/article/pii/S0960148115301130. DOI: https: //doi. org/10. 1016/j. renene. 2015. 07. 016.

[40] NEILL S, ELLIOTT A. Observations and simulations of an unsteady island wake in the firth of forth, scotland [C/OL] //volume 54. 2004: 324 - 332. https: //www. scopus. com/inward/record. uri? eid = 2-s2. 0 - 2542441704&doi = 10. 1007% 2fs10236 - 003 - 0084 - 1&partnerID = 40&md5 = 11243c7c9d062104a3d6e1fd64a51d59. DOI: 10. 1007/s10236-003-0084-1.

[41] NEILL S, COPELAND G, FERRIER G, et al. Observations and numerical modelling of a non-buoyant front in the Tay Estuary, Scotland [J/OL]. Estuarine, Coastal and Shelf Science, 2004, 59 (1): 173 - 184. https: //www. sciencedirect. com/science/article/pii/S0272771403002464. DOI: https: //doi. org/10. 1016/j. ecss. 2003. 08. 006.

[42] GUILLOU N, NEILL S, ROBINS P. Characterising the tidal stream power resource around france using a high-resolution harmonic database [J/OL]. Renewable Energy, 2018, 123: 706 - 718. DOI: 10. 1016/j. renene. 2017. 12. 033.

[43] CAMPBELL R, MARTINEZ A, LETETREL C, et al. Methodology for estimating the French tidal current energy resource [J/OL]. International Journal of Marine Energy, 2017, 19: 256-271. https: //www. sciencedirect. com/science/article/pii/S2214166917300553. DOI: https: //doi. org/10. 1016/j. ijome. 2017. 07. 011.

[44] CHARLIER R H. A "sleeper" awakes: tidal current power [J/OL]. Renewable and Sustainable Energy Reviews, 2003, 7 (6): 515 - 529. https: //www. sciencedirect. com/science/article/pii/S1364032103000790. DOI: https: //doi. org/10. 1016/S1364-0321 (03) 00079-0.

[45] BAHAJ A, MOLLAND A, CHAPLIN J, et al. Power and thrust measurements of marine current turbines under various hydrodynamic flow conditions in a cavitation tunnel and a towing tank [J/OL]. Renewable Energy, 2007, 32 (3): 407-426. https: //www. sciencedirect. com/science/article/pii/S0960148106000516. DOI: https: //doi. org/10. 1016/j. renene. 2006. 01. 012.

[46] O'ROURKE F, BOYLE F, REYNOLD A. Tidal current energy resource assessment in Ireland: Current status and future update. Renewable and Sustainable Energy Reviews [J/OL], 2010. 14 (9): 3206-

3212. doi: 10. 1016/j. rser. 2010. 07. 039. https: //arrow. tudublin. ie/cgi/viewcontent. cgi? article = 1024&context=engschmecart

[47] SUSTAINABLE ENERGY IRELAND. Tidal & current energy resources in Ireland [R/OL]. 2004. https: //www. seai. ie/publications/Tidal_Current_Energy_Resources_in_Ireland_Report. pdf

[48] BATTEN W, BAHAJ A, MOLLAND A, et al. Experimentally validated numerical method for the hydrodynamic design of horizontal axis tidal turbines [J/OL]. Ocean Engineering, 2007, 34 (7): 1013 - 1020. https: //www. sciencedirect. com/science/article/pii/S0029801806001843. DOI: https: //doi. org/10. 1016/j. oceaneng. 2006. 04. 008.

[49] SIMEC ATLANTIS ENERGY. SeaGen - S 2MW [EB/OL]. https: //simecatlantis. com/services/turbines/.

[50] FROBERG E. Current power resource assessment [D]. Uppsala University, 2006.

[51] ENOVA SF. EONVA SF Potensialstudie av havenergi i Norge, Report 151650-2007. 1[R/OL]. 2007. https://www. enova. no/download? objectPath=upload_images/76E5C28463734B7081A918A3AC2C2B76. pdf.

[52] GRABBE M, LALANDER E, LUNDIN S, et al. A review of the tidal current energy resource in Norway [J/OL]. Renewable and Sustainable Energy Reviews, 2009, 13: 1898 - 1909. DOI: 10. 1016/j. rser. 2009. 01. 026.

[53] CORNETT A. Inventory of Canadian marine renewable energy resources [EB/OL]. 2006. https: //www. researchgate. net/publication/228642186_Inventory_of_Canadian_Marine_Renewable_Energy_Resources.

[54] DEFNE Z, HAAS K A, FRITZ H M, et al. National geodatabase of tidal stream power resource in USA [J/OL]. Renewable and Sustainable Energy Reviews, 2012, 16(5): 3326 - 3338. https: //www. sciencedirect. com/science/article/pii/S1364032112001554. DOI: https: //doi. org/10. 1016/j. rser. 2012. 02. 061.

[55] MARSH P, PENESIS I, NADER J R, et al. Multi-criteria evaluation of potential Australian tidal energy sites [J/OL]. Renewable Energy, 2021, 175: 453-469. https: //www. sciencedirect. com/science/article/pii/S0960148121006133. DOI: https: //doi. org/10. 1016/j. renene. 2021. 04. 093.

[56] PENESIS I, HEMER M, COSSU R, et al. Tidal energy in Australia: Assessing resource and feasibility in Australia' s future energy mix [R]. Australian Maritime College, University of Tasmania.

[57] QUIRAPAS FRANCO M A,LIN H, ABUNDO M,et al. Ocean renewable energy in Southeast Asia:A review[J/OL]. Renewable and Sustainable Energy Reviews, 2015, 41: 799-817. DOI: 10. 1016/j. rser. 2014. 08. 016.

[58] YAAKOB O, MUKTI M. Propects for ocean energy in Malaysia [C] //In: Proceedings of International Conference on Energy and Environment. 2006.

[59] KOH S L, LIM Y S. Meeting energy demand in a developing economy without damaging the environment-A case study in Sabah, Malaysia, from technical, environmen-tal and economic perspectives [J/OL]. Energy Policy, 2010, 38: 4719-4728. DOI: 10. 1016/j. enpol. 2010. 04. 044.

[60] LIM Y S, KOH S L. Analytical assessments on the potential of harnessing tidal currents for electricity generation in Malaysia [J/OL]. Renewable Energy, 2010, 35 (5): 1024- 1032. https: //www. sciencedirect. com/science/article/pii/S096014810900442X. DOI: https: //doi. org/10. 1016/j. renene. 2009. 10. 016.

[61] BUHALI M, ANG M, PARINGIT E, et al. Tidal in - stream energy potential of the Philippines: Initial estimates [C] //In: Proceedings of the 1st Asian Wave and Tidal Conference. 2012.

[62] MALIK A. Assessment of the potential of renewables for Brunei Darussalam [J/OL]. Renewable and Sustainable Energy Reviews, 2011, 15 (1): 427 - 437. https: //www. sciencedirect. com/science/article/pii/S1364032110002662. DOI: https: //doi. org/10. 1016/j. rser. 2010. 08. 014.

[63] KIM G, LEE M E, LEE K S, et al. An overview of ocean renewable energy resources in Korea [J/OL]. Renewable and Sustainable Energy Reviews, 2012, 16 (4): 2278 - 2288. https: //www. sciencedirect. com/sci-

ence/article/pii/S136403211200041X. DOI: https: //doi. org/10. 1016/j. rser. 2012. 01. 040.

[64] WALDMAN S, YAMAGUCHI S, O'Hara Murray R, et al. Tidal resource and interactions between multiple channels in the Goto Islands, Japan [J/OL]. International Journal of Marine Energy, 2017, 19: 332-344. https: //www. sciencedirect. com/science/article/pii/S2214166917300759. DOI: https: //doi. org/10. 1016/j. ijome. 2017. 09. 002.

[65] MEJIA-OLIVARES C J, HAIGH I D, ANGELOUDIS A, et al. Tidal range energy resource assessment of the Gulf of California, Mexico [J/OL]. Renewable Energy, 2020, 155: 469 - 483. https: //www. sciencedirect. com/science/article/pii/S0960148120304110. DOI: https: //doi. org/10. 1016/j. renene. 2020. 03. 086.

[66] CESCON B, DRAGO M, GIANFELICI F, et al. Environmental impact study of projects affecting the quality of marine ecosystems [J]. Croatica Chemica Acta, 1998, 71 (2): 361-389.

[67] EL-GEZIRY T, BRYDEN I, COUCH S. Environmental impact assessment for tidal energy schemes: an exemplar case study of the Strait of Messina [J/OL]. In: Proceedings of IMarEST - Part A - Journal of Marine Engineering and Technology, 2009, 2009: 39-48. DOI: 10. 1080/20464177. 2009. 11020217.

[68] VENNELL R. Estimating the power potential of tidal currents and the impact of power extraction on flow speeds [J/OL]. Renewable Energy, 2011, 36 (12): 3558-3565. https: //www. sciencedirect. com/science/article/pii/S0960148111002370. DOI: https: //doi. org/10. 1016/j. renene. 2011. 05. 011.

[69] VILLALON V, WATTS D, CIENFUEGOS R. Assessment of the power potential extraction in the Chilean Chacao channel [J/OL]. Renewable Energy, 2019, 131: 585-596. https: //www. sciencedirect. com/science/article/pii/S0960148118303033. DOI: https: //doi. org/10. 1016/j. renene. 2018. 03. 008.

第 4 章 潮流能资源调查与评估方法

潮流能资源调查是指利用各种技术手段和方法，对潮流能资源的有关要素进行系统观测、记录和处理，来揭示某一海域潮流能资源的蕴藏量、时空分布变化规律以及开发利用可能性。潮流能资源评估是根据一定的目标、技术手段和方法，对潮流能调查资料处理，并对海域潮流能资源的蕴藏量及可开发量进行估算，了解其时空分布变化规律和开发利用前景，判断其开发利用价值。规范潮流能资源调查与评估工作，可以得到指标化、系统化和科学化的开发依据，且调查结果和评价结论对现有潮流能资源地区进行比较分析有一定帮助，是进行潮流能开发工作的基本要求。

4.1 潮流能资源调查

潮流能资源调查工作主要分为普查和详查两个阶段。普查阶段以资料收集和现场调查为主，全面了解区域潮流能的特征和基本环境条件，初步确定潮流能较丰富的地区，确定详细的调查范围。详查阶段以普查工作为基础，调查清楚区域内水文、气象、社会经济等情况，以进行潮流能开发选址方案比选。

潮流能资源调查方法主要有历史资料收集和现场实地调查两种，国外还采取了现场调查和数值模拟结合的方法，以弥补现场调查的不足。但是数值模拟的方法难以将海域的各种实际影响因素都考虑在内，对结果精度有一定影响。

在潮流能发展早期，我国的潮流能调查方法主要是对历史资料进行统计分析，缺乏实地调查过程，而且计算方法简单，所以获取的结果精度低且数量少。另外，由于自然条件与社会建设开发条件经过多年的发展，近海的环境状况和资源分布发生了很大变化，早期数据已无法正确反映现有海洋资源状况，因此，为了了解我国海洋环境基本现状，“908 专项” 于 2003 年获批立项，并于 2004 年正式启动。该专项针对我国近海海域的海域使用状况和环境状况，对包括潮流能在内的海洋能资源展开了调查，经过全国近百家相关部门、机构及上万名海洋专业学者 8 年多的辛勤工作，填补了我国在海洋调查资料方面的空白。

4.2 潮流观测

《海洋调查规范 第2部分：海洋水文观测》（GB/T 12763.2—2007）[1]、《海上风电场工程风能资源测量及海洋水文观测规范》（NB/T 31029—2019）[2] 和《潮流能资源评估及特征描述》（GB/T 39569—2020）[3] 中有关于潮流观测的规定，可作为潮流观测的参考。

4.2.1 观测要素

潮流观测的要素主要为流速和流向，并辅助进行水位、风速和风向测量。单位时间内海水流动的距离称为流速；海水流去的方向称为流向，正北为零，以顺时针方向计量。流速观测分辨率不应大于1cm/s，流向观测分辨率不应大于1°。流速、流向观测的准确度见表4.1。

表 4.1 流速、流向观测的准确度

流速（cm/s）	水深（m）	准确度	
		流速	流向
$u<100$	≤200	±5cm/s	±5°
	>200	±3cm/s	
$u\geq100$	≤200	±5%	
	>200	±3%	

潮流观测层次应按照实测水深进行分层，标准观测层次见表4.2。

表 4.2 标准观测层次

总水深	观测层次
$h\leq5$m	0.2h、0.6h、0.8h
5m<$h\leq$50m	表层、0.2h、0.4h、0.6h、0.8h、底层
50m<$h\leq$100m	表层、5m、10m、15m、20m、25m、30m、50m、75m、底层
100m<$h\leq$200m	表层、5m、10m、15m、20m、25m、30m、50m、75m、100m、125m、150m、底层
$h>$200m	表层、10m、20m、30m、50m、75m、100m、125m、150m、200m、250m、300m、400m、500m、600m、700m、800m、1000m、1200m、1500m、2000m、2500m、3000m、底层（水深大于3000m时，每千米加一层）

注：1. 表层指水面以下0.5m处的水层。
2. 底层指海底以上0.5m处的水层。
3. 0.2h、0.4h、0.6h、0.8h分别指水面以下0.2h、0.4h、0.6h、0.8h深度处的水层。
4. 5m、10m、15m、20m、25m、30m、50m…分别指水面以下相应深度处的水层。
5. 观测底层时，应保证仪器不触底且尽量靠近海底。

潮流连续观测的时间长度不应少于25h且至少每小时观测一次。在涨急、落急或转流时段，应每半小时加测一次。流速、流向的观测值宜取100s测量值的平均值，否则应在观测记录表上说明采样时段。

4.2.2　观测方法

潮流观测宜采用船只锚碇测流、锚碇潜标测流、锚碇明标测流等方式进行定点连续测流，观测仪器宜采用直读海流计、声学多普勒测流仪（Acoustic Doppler Current Profiler，ADCP）等。

1. 海表面漂流浮标测流

目前普遍使用的仪器设备是卫星跟踪海表面漂流浮标。

漂流浮标按以下步骤和要求投放。

（1）布放前，应提前租用有关卫星的接收通道。

（2）投放前，应用信号感应器测试发射机工作情况。发射机工作正常并能连续工作，方可投放。

（3）漂流浮标最好在停船前或开船后 1knot 的航速下，在船尾部的左侧或者右侧投放。投放时先放漂流袋，后放漂流体。

（4）投放结束后，应及时填写漂流浮标观测记录表（见表 4.3）。

表 4.3　漂流浮标观测记录表

海　区：＿＿＿＿＿＿　调查船：＿＿＿＿＿＿

航次号：＿＿＿＿＿＿　水　深：＿＿＿＿＿＿　漂流浮标器号：＿＿＿＿＿＿

	日期	现场情况记录
开机时间	北京时间	
	GMT	
投放时间	日期	
	北京时间	
	GMT	
投放位置	经度	
	纬度	
海面温度		
海况		
风速		
风向		

观测者：＿＿＿＿＿＿　计算者：＿＿＿＿＿＿　校对者：＿＿＿＿＿＿

2. 船只锚碇测流

以锚碇船为承载工具观测潮流能时应符合以下规定。

（1）观测期间应记录观测日期、站位坐标等有关信息。船只锚碇测流记录表见表 4.4。

（2）采用直读海流计观测时，应在海流计沉放至预定水层后进行流速和流向的测量。直读海流计观测记录表见表 4.5。

表 4.4　船只锚碇测流记录表

调查船：__________　海　区：__________　仪器型号：__________
站　号：__________　水　深：__________　磁偏角：__________

观测日期			仪器工作情况
投放位置	经度		
	纬度		
直读/自记			
入水时间			
出水时间			
海况			
风速			
风向			

观测者：__________　计算者：__________　校对者：__________

表 4.5　直读海流计观测记录表

海　区：__________　站　号：__________　经度：__________　纬度：__________
调查船：__________　观测日期：__________（农历：__________）

航　次								
水深 h（m）								
起止时间								
层次	流速（cm/s）		流向（°）		流速（cm/s）		流向（°）	
	实测	均值	实测	均值	实测	均值	实测	均值
	仪器名称、型号： 磁偏角：							
	情况记录：							
	天气： 海况：							

观测者：__________　计算者：__________　校对者：__________

（3）采用声学多普勒测流仪观测时，可根据仪器性能、现场水深和观测任务的具体要求，设置垂向分层间隔，同时进行多层观测。测流时应记录观测开始时间和结束时间。声学多普勒测流仪观测记录表见表 4.6。

表 4.6　声学多普勒测流仪观测记录表

调查船：＿＿＿＿　海　区：＿＿＿＿　磁偏角：＿＿＿＿　仪器型号：＿＿＿＿

站　号：＿＿＿＿　经　度：＿＿＿＿　纬　度：＿＿＿＿　水　　深：＿＿＿＿

存储文件名		仪器工作情况
层数		
层厚（m）		
采样间隔（s）		
输入盐度（%）		
输入温度（℃）		
开始日期（公历/农历）		
开始时间		
直读/自记		
入水时间		
出水时间		

观测者：＿＿＿＿　计算者：＿＿＿＿　校对者：＿＿＿＿

（4）当施放海流计的钢丝绳或电缆的倾角超过 10°时，应对仪器沉放深度进行倾角修正。

（5）在锚碇船上进行连续测流时，应每 3h 观测一次船位。当发现船只走锚，其位置与初始定位的距离超过 50m 时，应移至原位后重新开始观测。

（6）在全潮水文测站的潮周日连续观测过程中，海流数据一般不得缺测。若中断观测 2h 以上，应重新观测。

3. 锚碇潜标测流

锚碇潜标测流系统（简称锚碇系统）（见图 4.1）应符合以下规定。

（1）锚碇系统的系留方式和布放方案，应根据观测海区的风场、流场、水深、地形和海底地质及船只设备状况而确定。出海前应对仪器进行实验检查，以确保海流计和声学释放器处于正常工作状态。

（2）锚碇系统的投放，应在船只到达锚碇投放点前进行海流计的采样设置。船只到达测点后，最好抛锚并用 GPS 进行准确定位。如果水很深，船只无法抛锚，则应随时定位，确定锚碇仪器的准确位置，同时注意调整船向，使作业一舷迎风向。在浅水海区（水深小于 200m），应按“先锚后标”的顺序，首先放锚块，然后依次下放声学释放器、海流计、浮力球；在深水海区，应按“先标后锚”的顺序，首先依次下放浮力球、海流计、声学释放器，然后释放锚块，锚块拉着锚碇系统直沉海底。以上各步骤都应详细记录，内容包括海流计采样设置、开始工作时间、下水时间、锚块落到海底时间、锚碇的精确位置及是否有异常情况等。

（3）锚碇系统的回收，回收船只应有 GPS 或其他定位设备，并应备有工作艇。回收应尽量在海况良好的日间进行。当船只到达锚碇站后，把声学应答器放至海面下 5～10m 处，发射指令信号，同时注意搜索上浮的浮标；待浮标上浮后，用抛钩钩住系统的尼龙绳，利用船只上的吊车和绞缆机回收锚碇系统；必要时，亦可放下工作艇，把缆绳系到浮标上回收锚碇系统。

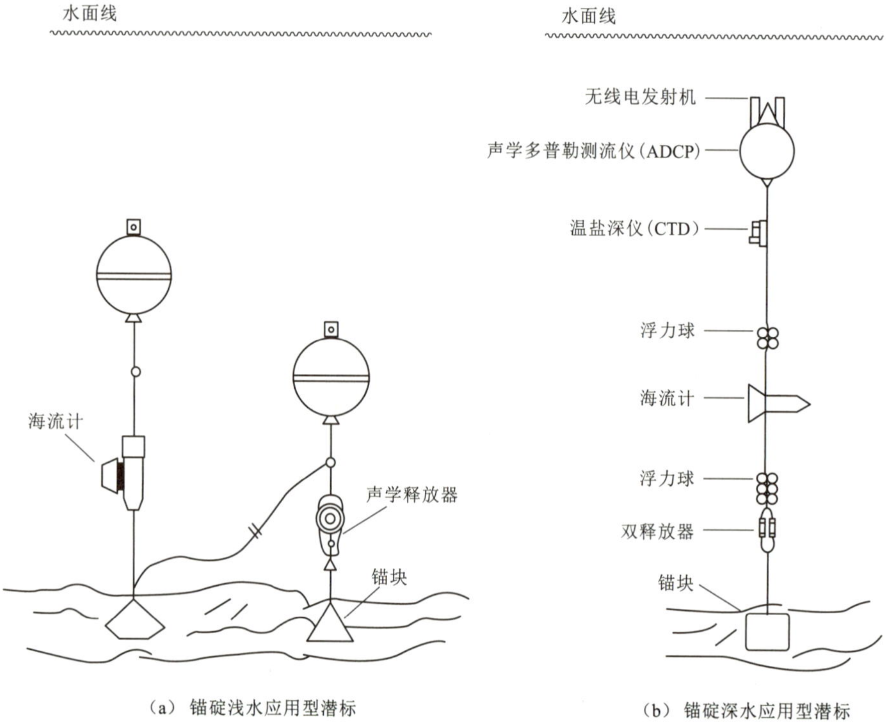

图 4.1　锚碇潜标测流系统

4. 锚碇明标测流

与潜标测流系统相比，锚碇明标测流系统主要增加了水上浮筒部分（内装有电池盒和闪光装置）（见图 4.2）。

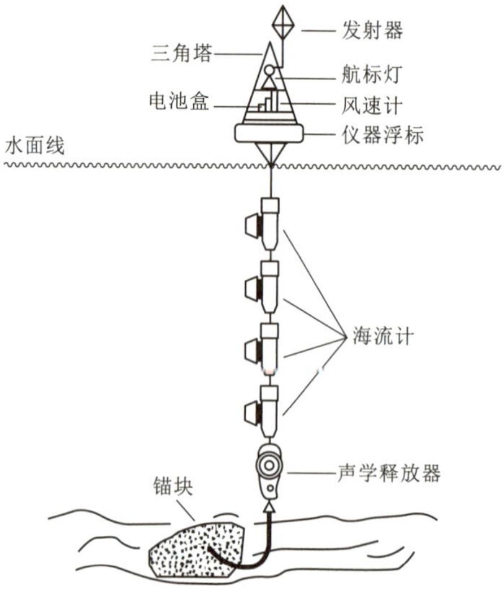

图 4.2　锚碇明标测流系统

锚碇明标测流系统的投放方法应与锚碇潜标测流系统的投放方法相同。锚碇明标测流系统投放前应发布航行通告。锚碇明标测流系统上的闪光装置应具备防水密封功能，以确保能够正常连续闪光。

锚碇明标测流系统的回收，由于明标系统目标清晰，当船只到达锚碇站后，即可利用船只上的吊车和绞缆机回收锚碇系统。

5. 走航测流主要使用船载 ADCP 进行观测

使用船载 ADCP 进行观测时，应按以下步骤和要求实施。

（1）出海前应进行 ADCP、ADCP 换能器舱、罗经及 GPS 等有关设备的检查，以确保其皆处于正常工作状态。

（2）运行 ADCP 自检程序，记录测试程序的运行结果。

（3）检查计算机，清理硬盘，留出足够的空间存储 ADCP 观测数据。

（4）准确地校准电罗经，设置 ADCP 的罗经初始角。同时校准时间，将计算机和 ADCP 的时钟与 GPS 时钟校准，校准误差应小于 1.0s。

（5）按照技术设计书的要求，设置 ADCP 的测层间隔、数据平均方式和航次识别符等参数，建立设置文件。

（6）对新安装的 ADCP，应根据底跟踪资料，计算出 ADCP 换能器的方向修正角，并输入设置文件。

（7）启动数据收集程序，调入配置文件，检查基本参数，当一切正常后开始采集数据。采集过程中，应记录原始数据文件、平均数据文件、导航数据文件等。更改 ADCP 设置后，应及时存储新的设置文件。

（8）观测过程中，应确保值班人员在位。值班人员应随时观测 ADCP 系统的工作状态，详细填写值班日记，如发现异常，应及时处理，并将处理过程和处理结果详细记录在值班日记中。

（9）在航测中，调查船只应尽量匀速直线航行，并保证航速不超过 ADCP 观测的临界速度。

（10）结束观测后，重新校准计算机和 ADCP 的时钟与 GPS 时钟，并在值班日记中详细记录时钟的差值。同时，应详细填写 ADCP 观测记录表（见表 4.6）。

4.3　潮流能资源估算方法

4.3.1　潮流能资源蕴藏量的估算

潮流水平运动在自然状态下所蕴藏的海水总动能即为潮流能资源蕴藏量。潮流在评估周期 T_s 内通过水道截面的动能计算公式为：

$$P_{site}=\frac{\rho}{2T_e}\int_{t_0}^{t_0+T_s}\int_{0}^{L_e}\int_{-h}^{0}u^3\mathrm{d}h\mathrm{d}L_s\mathrm{d}T_e \tag{4.1}$$

式中：ρ 表示海水密度；t_0 表示计算开始时间；T_e 表示评估周期；L_e 表示评估区域横截面

宽度；h 表示水深；u 表示垂直于评估区域横截面的潮流流速。

4.3.2 潮流能资源可开发量的估算

与风能的开发利用相似，潮流能可开发量受地形条件、水轮机的规格、类型及安装方式的影响，同时阵列的摆放方式也会直接影响周边潮流场的流速和流向，从而对潮流能可开发量造成影响。因此，潮流能资源蕴藏量不可能完全转化为电能。资源可开发量是在技术可行、环境允许和经济合理的前提下可开发的最大资源量。目前国际上潮流能资源可开发量的估算方法主要有 3 种，分别是场方法（Farm Method）、通量法（Flux Method）和加勒特法（Garrett Method）[4]。国内具有代表性的方法是郑志南建立的一套计算公式，已列入《全国海洋能资源规划技术规定》。下面将对这 4 种方法一一进行介绍。

1. 场方法

场方法是指多台相同的潮流能发电机组形成一个阵列，并整体安装在海底潮流的通道上，各台水轮机潮流能可开发量的总和就是总的潮流能资源可开发量。对于潮流能的概念，既可理解为单位体积海水含有的潮流动能（即能量密度），也可理解为单位时间通过单位面积的潮流动能（即能流密度）。由于潮流能总是经由某个过流面来开发利用的，因而更有意义的概念是能流密度（E），其计算公式为：

$$E = \frac{1}{2}\rho u^3 \tag{4.2}$$

式中：ρ 表示海水密度；u 表示垂直于评估区域横截面的潮流流速。由于潮流流速是瞬时变化的，能流密度也是个瞬时概念，因此需要计算一段时间内的潮流能平均能流密度（E_m），其计算公式为：

$$E_m = \frac{1}{2}\rho \bar{u}^3 \tag{4.3}$$

式中：$\bar{u}$ 表示潮流垂向平均流速。

单台发电装置的平均功率（P）的计算公式为：

$$\bar{P} = E_m A_S \eta \tag{4.4}$$

式中：A_S 表示水轮机转子扫过的面积；η 表示发电装置从潮流能到电能的总转化效率，这些参数取值依赖于具体设备。在 2004 年博莱克·威奇公司（Black & Veatch）发布的潮流能评估报告[5]（BV-04）和 2006 年美国电力研究协会报告[6]中，总转化效率的建议取值分别为 0.31 和 0.40。

由此可以得到水轮机组阵列的潮流能平均总功率或技术可开发功率（P_{tech}）的计算公式为：

$$P_{tech} = \bar{P} A_{site} \rho_{device} \tag{4.5}$$

式中：A_{site} 表示潮流能开发海域的总面积；ρ_{device} 表示单位面积海域内潮流能发电装置的个数。

2. 通量法

通量法最早由博莱克·威奇公司和罗伯特戈登大学（Robert Gordon University，RGU）

提出[5]。潮流能资源的总蕴藏量中通常仅有一部分可以被开发利用，其影响因素很多。例如，当潮流通道上安装了潮流能发电装置后，潮流流速会发生改变，且设备布放越密集，对潮流流速的影响越大。通量法（Flux Method）在评估潮流能资源时，忽略了潮流能水轮机的参数及其阵列方式，只考虑了水道中潮流的流速、水道断面面积以及与地形相关的潮流能影响因子（SIF）。

根据通量法，潮流能蕴藏量等于水道断面的潮流能平均能流密度和潮流流向法向上的水道断面面积的乘积，即：

$$P_{\mathrm{site}} = E_{\mathrm{m}} A_{\mathrm{CS}} \tag{4.6}$$

$$P_{\mathrm{tech}} = P_{\mathrm{site}} \mathrm{SIF} \tag{4.7}$$

式中：P_{site} 表示水道中潮流能平均功率总和，即潮流能资源总蕴藏量；E_{m} 表示潮流能平均能流密度［式（4.3）］；A_{CS} 表示潮流流向法向上的水道断面面积；P_{tech} 表示潮流能技术可开发量（功率）；SIF 是 Significant Impact Factor 的缩写，即潮流能影响因子，其取值是通量法的重点。

RGU 曾针对不同的水下环境研究了 SIF 的取值，布莱登（Bryden）和库奇（Couch）[7] 曾模拟两端开放的一维潮流通道模型，发现水道中的潮流能技术可开发量没有达到蕴藏量的 10%。布莱登和梅尔维尔（Melville）[8] 曾对一个面积为 50km^2，通过一条长 500m、宽 200m、深 30m 的通道与外海相连的封闭海湾进行研究，结果显示仅 30% 的潮流能资源蕴藏量可被开发。这些研究反映出 SIF 的取值受地形影响很大。

在 BV-04 报告中，博莱克·威奇公司在估算英国沿岸潮流能时 SIF 最大取值为 20%，即认为潮流能平均可开发量占总蕴藏量的 20%。美国电力研究协会的潮流能转化计划（TISEC）在进行北美潮流能资源评估时，SIF 值取为 BV-04 报告[5] 的 20% 和布莱登和库奇[7] 的 10% 的平均值，即 15%。由于 SIF 的取值受地形影响，博莱克·威奇公司的最新研究成果 BV-05 报告[9] 中将不同海域地形环境分为共振河口、海湖、海岬、水道和开阔水域 5 类，并给出多种 SIF 的取值（见表 4.7），为潮流能估算提供了很有价值的参考。

表 4.7 不同海域地形环境 SIF 推荐取值

海域地形环境	共振河口	海岬、开阔水域、水道	海　湖
SIF	<10%	10%～20%	<50%

3. 加勒特法

前两种方法本质上都是基于能通量的方法。加勒特（Garrett）和卡明斯（Cummins）[10,11] 提出的方法以动力学方程为基础，主要针对的是开口的小海湾和截面不断变化的水道两种地理环境下的潮流能可开发量的计算。

在加勒特的理论中，水道中的潮流能最大可开发量远小于水道截面的潮流动能的最大值，且多台潮流能水轮机安装在水道中会对潮流场造成影响，从而进一步降低潮流能开发的整体转化率。因此在进行潮流能开发时，为了获得最大的发电量，应该寻求水轮机数量和阵列方式的最优解。

加勒特为模型提出了四点假设，分别是：水道两端的水位差不受水道中潮流流动和发电装置的阵列方式的影响；水道中呈现的是一维变化的潮流场，断面方向上不会发生变化，变化只发生在水道的平行方向；潮波的波长远大于水道或海湾的长度；水道的截面积不受涨急落急的影响。

在此模型中，潮流通量［$Q(t)$］是只与时间（t）有关的函数，与位置无关。如果只考虑分流水道出口处的水头损失和水道内摩擦项，由动力学方程可以推导出潮流能技术可开发量（P_{tech}）的计算公式：

$$P_{tech} = \gamma \rho g H_P Q_{max} \quad (4.8)$$

式中：Q_{max} 表示未安装潮流能发电装置时水道中潮流自然状态的最大通量；H_P 表示水道两边最大水头差；g 表示重力加速度；ρ 表示海水密度；系数 γ 受摩擦项和加速度项影响，取值为 0.21～0.24（当摩擦项主导时，取 0.21；当加速度项主导时，取 0.24）。

根据加勒特和卡明斯[11] 的进一步研究，若水道中潮流流速和流向不变，只考虑分流引起的水头损失而忽略摩擦项，则进一步得到潮流能技术可开发量的另一种公式：

$$P_{tech} = 0.38\left(\frac{1}{2}\rho A_C \bar{u}_C^3\right) \quad (4.9)$$

式中：u_C 表示水道出口处的流速，其往往小于水道中潮流最大流速；A_C 表示水道出口处的断面面积。

在估算小海湾的潮流能可开发量时，加勒特[10] 指出小海湾由于范围小可忽略海湾内水流水头差，海湾外可以采用余弦函数 $A\cos(\omega t)$ 表示其水位（A 和 ω 分别为潮位振幅和角频率），水流因湾内外的水头差而发生水平运动。如果在湾口处安装水轮机，当水轮机带来的摩擦使得湾内潮差变为自然状态下潮差的 74% 时，可以推导出潮流能技术可开发量的计算公式：

$$P_{tech} = 0.24\rho g H_P Q_{max} \quad (4.10)$$

式中：Q_{max} 表示潮流入湾时自然条件下的最大水体通量，由于忽略了潮流入湾时的加速项和摩擦项而引起的水头损失，其结果会有一定误差，但是这些水头损失比潮流振幅小很多，因此误差在合理范围内。

为了检验加勒特法，加勒特还采用 Tide 2D 二维数值模型模拟了加拿大约翰斯通海峡（Johnstone Strait）的潮位和流场，将模拟结果转换为潮流能可开发量，并和加勒特法计算结果进行比较。结果显示，除两个水道存在水流分流导致差异较大外，两种方法计算的海峡西北部的潮流能资源结果比较相近。萨瑟兰（Sutherland）和加勒特等[12] 以约翰斯通海峡为例，也用二维有限元潮流数值模型对加勒特法进行了验证，所得模型计算结果与加勒特法的估算值基本吻合。这些研究都证明了加勒特法的有效性。

4. 国内方法

潮流流速存在多种周期性变化，郑志南等人主要针对半日周期（T_{hl}）为 12.4h 和半月周期（T_{sn}）为14.75d两种最典型的潮流周期，建立了潮流流速数学模型：

$$u = u_{sn}\left(1 + K\sin\frac{2\pi}{T_{sn}t}\right)\sin\left(\frac{2\pi}{T_{hl}}t\right) \tag{4.11}$$

式中：u_{sn} 表示平均流速幅值；$u_{sn}=u_s+u_n$，u_s 表示大潮期间的最大流速，u_n 表示小潮期间的最大流速；K 表示流速波动系数，$K=\frac{u_s-u_n}{u_s+u_n}$。因此，最大能流密度的计算公式为：

$$E_s = \frac{1}{2}\rho u_s^3 = \frac{1}{2}\rho(1 + K)^3\bar{u}_{sn}^3 \tag{4.12}$$

由于 T_{hl} 和 T_{sn}，假定在半日周期内流速幅值不变，在此条件下，利用式（4.11）在半月周期内求平均值，可推导出平均能流密度的计算公式为：

$$\bar{E} = \frac{1}{12}(5 + 3a + 3a^2 + 5a^3)E_s \tag{4.13}$$

式中：$a=\frac{u_n}{u_s}$。

潮流能资源总蕴藏量（功率）的计算公式为：

$$P_{site} = \bar{E}A_{CS} \tag{4.14}$$

潮流能技术可开发量（功率）的计算公式为：

$$P_{tech} = EA_{CS}\eta \tag{4.15}$$

以上几种估算方法中，场方法计算思路明确、容易理解，运用情况较多，但由于计算时涉及的参数与潮流发电装置的类型、规模和装置的阵列方式等直接相关，因此用场方法估算的潮流能资源的结果有较大不确定性。通量法在计算时更简单，但目前SIF数值因地而异，需结合具体海区和潜在环境因素进行针对性分析和研究，取值依然存在较大的经验性。博莱克·威奇公司报告中（BV-04）建议在使用场方法的同时采用通量法进行约束以得到更准确的结果。加勒特法基于动力学方程导出，具有明确的物理意义，该方法只需确定 a 和 Q_{max} 两个参数即可进行潮流能资源评估，更便于使用。但是，加勒特法采用了概化模型和诸多假定条件，发展时间相对较短，仍需更多估算实践的检验。相比于场方法和通量法，国内郑志南方法考虑了潮流变化周期，只需大、小潮期间的流速幅值两个参数即可确定潮流平均能流密度，适用于观测资料稀缺的情况。但是，郑志南方法在计算潮流能资源可开发量时，将机组效率应用在整条水道宽度（而非水轮机转轮的获流面积）上，会存在一定误差。另外，其模型是针对正规半日潮往复流建立的，对其他潮型的实用性有待进一步讨论[13]。

总体而言，国外潮流能可开发量估算方法的研究相对深入，更关注究竟能从潮流中获得多少能量。潮流能资源可开发量与海区的物理特性、局部潮流动力环境、开发技术水平等密切相关，不同学者从多个维度开展了很多研究，形成了丰富的研究成果。我国的潮流能资源估算研究主要针对的是国内已知的强潮流区域，进行局部区域内的评估，近期已经开始尝试使用数值模拟或调和分析进行数据补充，但计算结果仍停留在理论蕴藏量的讨论阶段，潮流能可开发量的理论结果与实际结果还存在一定的差距。在之后的研究中，不但要进行潮流能资源蕴藏量方面的理论计算分析，还要综合各种因素推导出适合我国海域的潮流能可开发量的计算公式。

4.4 潮流能资源估算量与实测量差异

在进行潮流能开发前，通常需要对拟开发海域的潮流能资源量进行评估。受制于实测站点的覆盖范围，基于潮流能资源估算理论方法的数值模拟技术已广泛应用于潮流能资源评估的研究中，具体可参照 GB/T 39569—2020《潮流能资源评估及特征描述》规范执行。许多理论研究表明，数值模拟计算的大、中、小潮潮位下，潮流流速、流向等要素与实际情况值接近，精度可达 10% 甚至 5% 以内。但如前文所述，由于潮流能可开发量估算方法受海域地形、水流条件、气象条件等多重因素的影响，因此潮流能可开发量的理论结果与实际结果还存在一定的差距。潮流能机组的发电量也与潮流的流速、流向、累计小时数密不可分，尤其是机组启动流速以上的高流速条件影响更大。从工程实践中发现，以潮流能资源评估理论方法为基础的数值模拟技术评估的潮流能资源量与实际资源量存在较大的差异。以某海域为例（见图 4.3），某海域某站点潮流流速分级统计的实测结果和模拟结果进行对比，二者间平均流速相差不大，但不同流速分级下的概率分布存在明显的差异。从总体看，在 1.6m/s 以下的流速分布概率中，实测结果均高于模拟结果，而在 1.6m/s 以上的流速分布概率中，模拟结果高于实测结果。经过同站同期潮流流向的实测结果和模拟结果对比，可以看出实测流向相较于模拟流向更分散（见图 4.4）。从同站同期各流速条件下的累计时数概率统计，可以看出其概率分布情况与潮流流速概率分布规律基本相同（见图 4.5）。

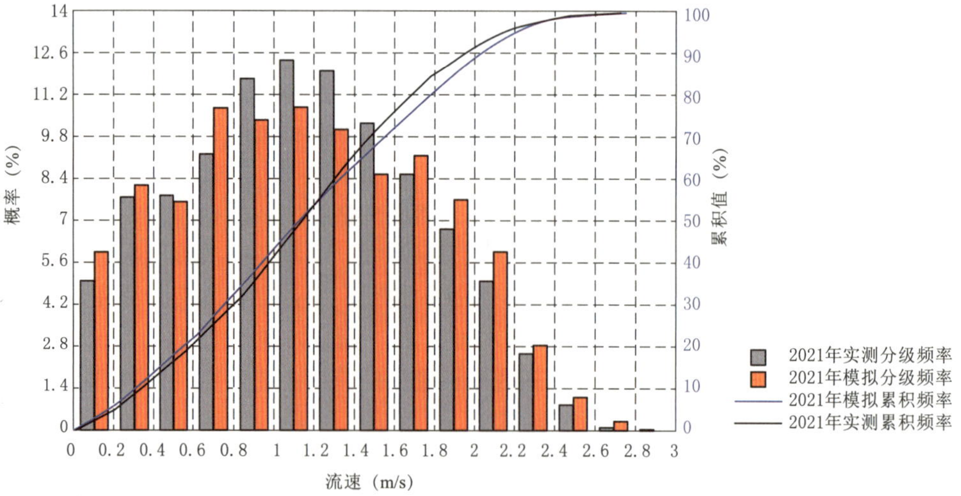

图 4.3　某海域某站点潮流流速实测和模拟对比

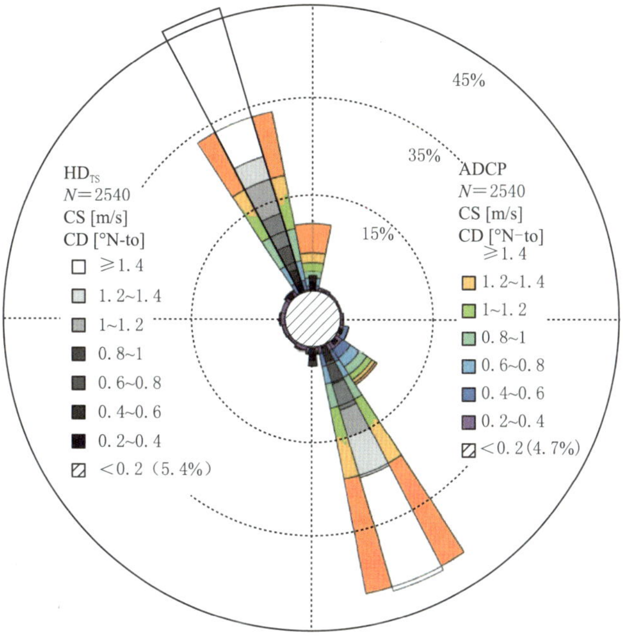

图 4.4　某海域某站点实测和模拟潮流流向

HD_{TS} 为模拟结果，ADCP 为实测结果，N 为统计样本个数，CS 为流速，CD 为流向

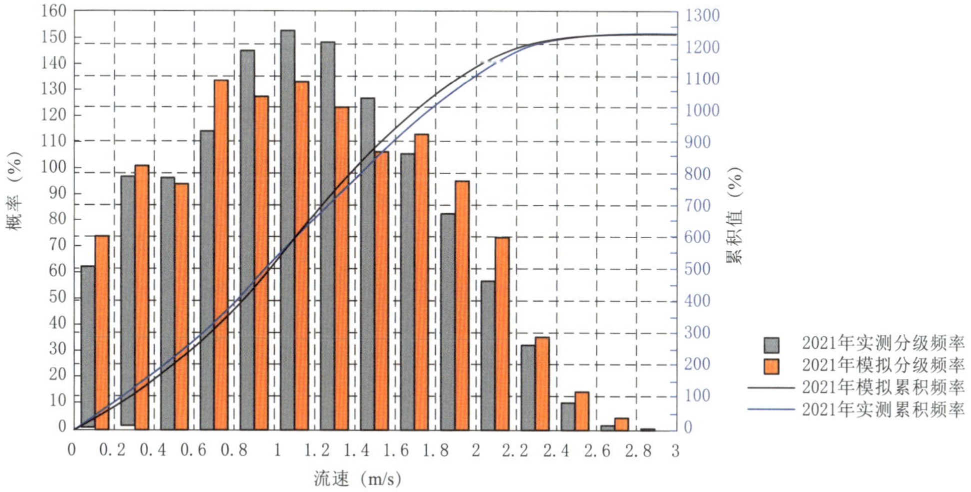

图 4.5　某海域某站点实测及模拟潮流各流速的累计时数对比

在进行发电量计算时，正是潮流能资源评估中的这些差别导致实际发电量达不到设计阶段计算的发电量。因此，在进行潮流能资源开发时，应格外注意潮流能资源量的估算差异。

参 考 文 献

[1] 中国国家标准化管理委员会. 海洋调查规范第 2 部分：海洋水文观测 . GB/T 12763. 2—2007 [S]. 北京：中国标准出版社，2007.

[2] 国家能源局. 海上风电场工程风能资源测量及海洋水文观测. NB/T 31029—2019 [S]. 2019.

[3] 张继生. 潮流能资源评估及特征描述. GB/T 39569—2020 [S]. 全国海洋能转换设备标准化技术委员会 . 2020.

[4] 吕新刚，乔方利. 海洋潮流能资源估算方法研究进展 [J]. 海洋科学进展，2008，26（1）：98-108.

[5] BLACK&VEATCH CONSULTING. Phase II, UK tidal stream energy resource assessment [S]. Marine Energy Challenge Report No. 107799/D/2100/05/1, 2004.

[6] HAGERMAN G, POLAGYE B, BEDARD R, et al. Methodology for estimating tidal current energy resources and power production by tidal in-stream energy conversion (TISEC) devices [R]. EPRI North American Tidal in Stream Power Feasibility Demonstration Project, 2006, 1.

[7] BRYDEN I G, COUCH S J. ME1-Marine energy extraction: Tidal resource analysis [J]. Renewable Energy, 2006, 31 (2): 133-139.

[8] BRYDEN I, MELVILLE G. Choosing and evaluating sites for tidal current development [J/OL]. In: Proceedings of The Institution of Mechanical Engineers Part A: Journal of Power and Energy, 2004, 218: 567-577. DOI: 10. 1243/0957650042584375.

[9] BLACK&VEATCH CONSULTING. Phase II, UK tidal stream energy resource assessment [S]. Marine Energy Challenge Report No. 107799/D/2200/03, 2005.

[10] GARRETT C, CUMMINS P. Generating power from tidal currents [J/OL]. Journal of Waterway Port Coastal and Ocean Engineering, 2004, 130. DOI: 10. 1061/ (ASCE) 0733 - 950X (2004) 130: 3 (114).

[11] GARRETT C, CUMMINS P. The power potential of tidal currents in channels [J/OL]. In: Proceedings of the Royal Society A, 2005. http: //doi. org/10. 1098/rspa. 2005. 1494.

[12] SUTHERLAND G, FOREMAN M, GARRETT C. Tidal current energy assessment for Johnstone Strait, Vancouver Island [J/OL]. In: Proceedings of The Institution of Mechanical Engineers Part A: Journal of Power and Energy, 2007, 221. DOI: 10. 1243/09576509JPE338.

[13] 吕新刚，乔方利，赵昌，等. 海洋潮流能资源的数值估算—以胶州湾口为例 [J]. 太阳能学报，2010，31（2）：137-143.

第 5 章
潮流能机组结构形式及参数

本章出现的所有数据均截至 2021 年 12 月，为确保数据资料可靠，这里列出的潮流能机组均满足以下条件。

（1）主要考虑单机功率大于 100kW 的机组，基本涵盖了所有主流机组类型，其中大多数机组是商用的测试样机，有详细的机组说明或测试报告。

（2）机组均有详细的吊装或测试图文资料，能充分展示其结构特点。所列机组均可在相应官方网站查询到产品信息，并在欧洲海洋能源中心（European Marine Energy Centre，EMEC）或特提斯海洋能数据库（tethys）有相应的测试并网信息。

（3）机组均用于潮流能发电，固定形式包括座底式、桩柱式和漂浮式。一些固定在海坝、桥梁等大型海工建筑物的潮流能机组及项目不在考虑范围内。另外，第 2 章已简单介绍了潮汐能的发电原理，其主要通过修建水库将涨落潮时的海水势能转化为机组的机械能进而带动发电机发电［见图 5.1(a)］，这与潮流能发电机的发电原理不同［见图 5.1(b)］，故所有潮汐能发电机组和项目未考虑在内。

（a）潮汐能发电机　　（b）潮流能发电机

图 5.1　潮汐能和潮流能发电机

5.1 机组的形式

潮流能机组的形式有水平轴式、垂直轴式、贯流式、风筝式和摆动翼式。

5.1.1 水平轴式

水平轴式潮流能机组（见图5.2）的旋转轴与水面平行，包括轴流式和横流式两种。轴流式机组的旋转轴与来流方向平行，而横流式机组的旋转轴与来流方向垂直。水平轴轴流式潮流能发电机（简称水平轴发电机）是现今最常使用的潮流能发电设备。

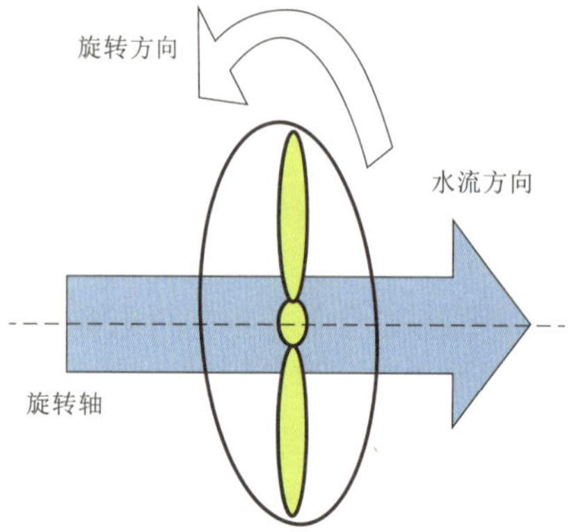

（a）水平轴轴流式机组概念图[1]

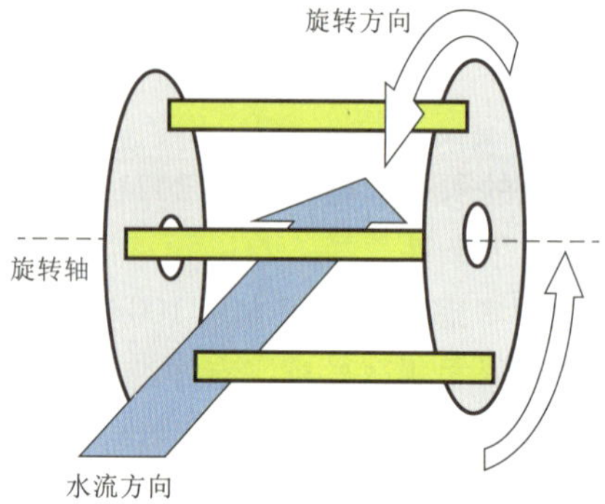

（b）水平轴横流式机组概念图[1]

（c）阿尔斯通(Alstom)1MW 水平轴轴流式机组[2]

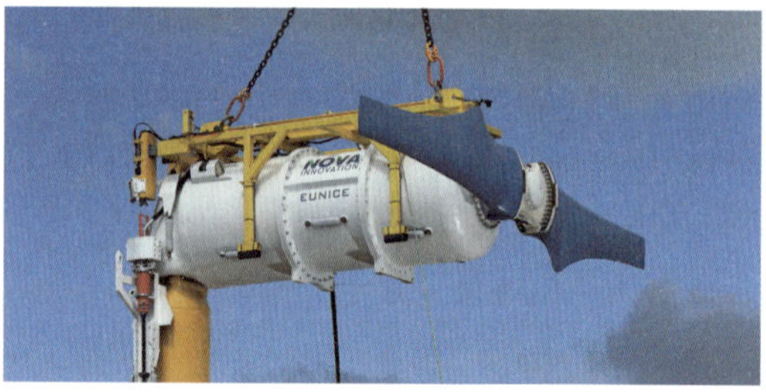

（d）诺娃(NOVA)100kW水平轴轴流式机组[3]

（e）潮源(Tid Gen)水平轴横流式机组[4]

图5.2 水平轴式潮流能发电机组

水平轴式发电机由于与风力发电机类似，因此可转移利用的技术较多。与垂直轴式发电机相比，水平轴式发电机具有更高的能量转换率，更稳定的发电功率；缺点是叶片根部载荷较大，转动吃力，叶片结构也相对复杂。水平轴式和垂直轴式潮流能发电机对比见表 5.1。

表 5.1 水平轴式和垂直轴式潮流能发电机对比表[11]

项目	水平轴式	垂直轴式
设计难度	难	易
成本	高	低
电机位置	轮毂内	转轴两端，可以在水面以上
机械噪声	大	小
固定难度	难	易
偏流影响	有	无
起始转矩	高（可自行启动）	低
输出转矩	波动低	波动高
功率	高	低
控制难度	难	易
安装难度	难	易
现有类似技术	多	少

HS300 是世界上第一台并网发电的潮流能发电机，由安德里茨·哈默菲斯特水电公司（Andritz Hydro Hammerfest，AHH）制造。该机组原定的测试期为三年，在稳定运行四年后，经检查状态良好，于 2009 年再次下水并网，于 2012 年正式退役[5]。基于 HS300 的成功经验，AHH 又相继研发了兆瓦级的 HS1000 和 HS1500。

与专注于开发座底式水平轴式潮流能发电机的 AHH 公司不同，西门子·亚特兰蒂斯能源公司（SIMEC Atlantis Energy，SAE）在早期研发过程中尝试了多种类型的潮流能发电机，已成功制造并测试了涅柔斯（Nereus）、梭伦（Solon）、海流（SeaFlow）、海源（Sea Gen）、AR1000、AR1500 等多种机型，但最终选定座底式水平轴式潮流能发电机为主要研发方向。AR1500 与 HS1500 相似，同为 1.5MW，为目前单机功率最大的潮流能发电机组，已实际应用于总装机容量 6MW 的梅伊（Mey Gen）1A 期项目，该项目为现今最大的潮流能商业项目。

2010 年后兴起的漂浮式潮流能发电平台多采用两叶片水平轴式发电机，其中尤以轨道海洋动力公司（Orbital Marine Power，OMP）的轨道 O2（Orbital O2）平台和麦哲伦可再生能源公司（Magallanes Renovables，MR）的阿蒂尔（ATIR）平台最具代表性，已建成的测试项目总装机容量均达到 2MW（两个 1MW 发电机）。此外，诺娃创新（Nova Innovation）、阿尔斯通（Alstom）、萨贝拉（Sabella）、托卡多（Tocardo）等多家公司也已成功测试或并网了自己的水平轴式潮流能发电机。从中可以看出水平轴式潮流能发电机拥有十分强大的商业潜力。

水平轴横流式发电机非常少见，发电机的旋转轴保持水平方向且与叶片平行，与水流方向垂直，和水车类似［见图 5.2(b)］。其中以海洋可再生能源公司（Ocean Renewable Power）研发的潮源（Tid Gen）机组最具代表性［见图 5.2(e)］。2012 年 5 月，4 台潮源（Tid Gen）机组进行了并网测试，总装机容量达 750kW[4]。

5.1.2 垂直轴式

由于垂直轴横流式机组非常罕见，因此本章所指的垂直轴发电机均为垂直轴流式机组。垂直轴流式机组（见图 5.3）的旋转轴与水面垂直，与来流方向垂直，旋转方向不受来流方向的影响，无须考虑换向机制，没有齿轮箱，结构相对简单。此外，其旋转速度慢，噪声小，对周边环境的影响也较小。垂直轴流式机组的电机可以露出水面安装在转轴的上方，减少了密封性要求，从而降低了成本，但其能量转换率低，很难达到兆瓦级别，商业化潜力低于水平轴式发电机。

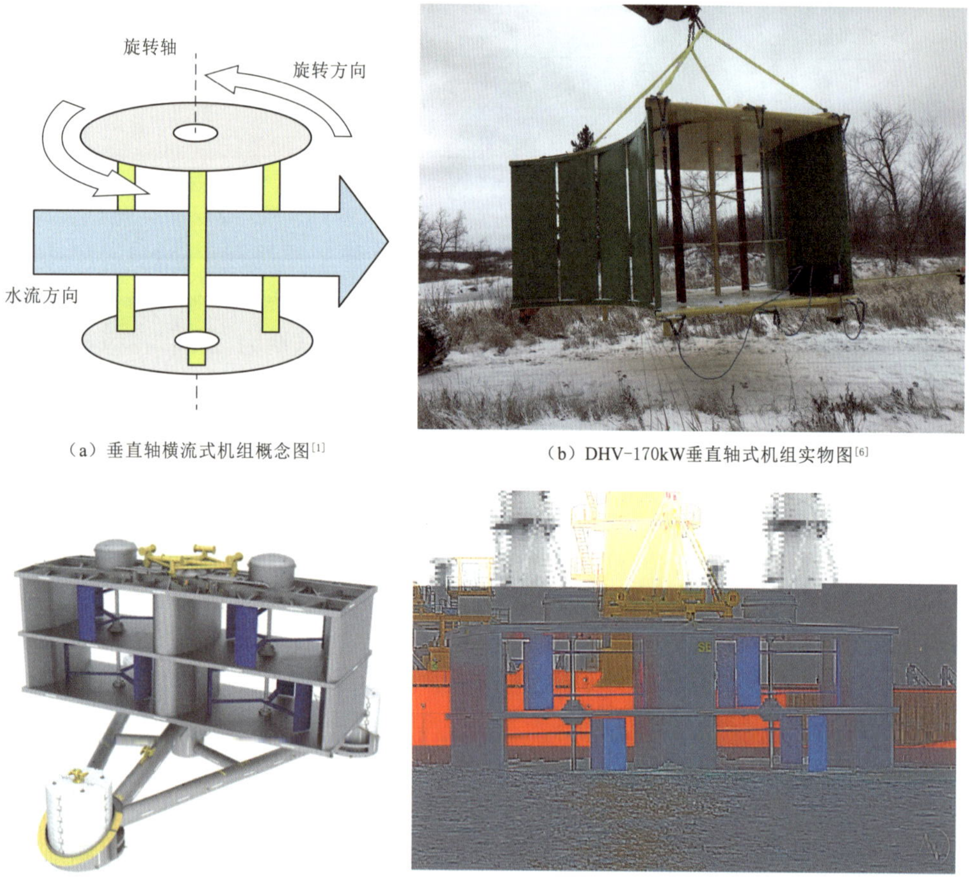

（a）垂直轴横流式机组概念图[1]

（b）DHV-170kW垂直轴式机组实物图[6]

（c）寻洋机组（Ocean Quest）概念图[7]

（d）寻洋机组吊装中[7]

图 5.3　垂直轴式潮流能发电机组

根据叶片形式不同，垂直轴式发电机主要分为达里厄式（Darrieus）和螺旋式。达里厄式的叶片制造相对简单，但在低速时叶片需要承受大范围的功角变化，叶片容易失速导致机组性能下降，且难以实现自启动。理论上可以通过变桨控制系统解决该问题，但是主动变桨系统结构过于复杂，而被动变桨系统的有效性有待商榷，因此即使在技术更成熟的风电领域，变桨距的达里厄式水轮机也少有商业生产的案例[8]。螺旋式的叶片设计可以通过改变方位角来平衡扭矩的变化，其倾斜特性也可以避免突然失速，从而提高性能和启动扭矩，但螺旋式的叶片制造难度更大，成本也更高[9,10]。

2003年潮汐能源有限公司（Tidal Energy Pty Ltd.）研发了170kW的DHV装置，它利用独特的导流管给水流加速，以此提高内部垂直轴式机组的功率。该设备于2005年完成测试后退役[6]。在卡昂大学（Université de Caen Normandie）的支持下，寻海公司（Hydro Quest）于2019年成功安装了4台座底式寻洋（Ocean Quest）机组［图5.3（c）］，总装机容量1MW，4台机组固定在一个三角形的钢架结构上。该项目已于2021年9月完成测试[7]。

5.1.3 贯流式

贯流式潮流能发电机（见图5.4）在原有垂直轴式或水平轴式发电机的外部增加了一个内窄外宽的圆柱形流体加速装置（又称导流管或文丘里管），以此提高流经发电机的水流速度，从而提高功率。然而由能量守恒定律可知，当不考虑摩擦造成能量损失的情况下，流经不同截面的海水能量是恒定的，因此该做法并没有带来实际好处[1]。

尽管部分学者认为导流管能提高水轮机的发电效率，但通过一项对总尺寸相同的设备进行比较的数值研究发现，有导流管的水轮机的总体效率低于没有导流管的[16]，当贯流式的设备在有偏流影响的时候，其性能有所提高。导流管的存在也会增加机组整体的阻力系数，进而降低水轮机阵列的整体效率，尤其在流量受限的区域更明显[17]。导流管的性能受其尺寸和角度的影响，每种设计都有一个最佳的安放角[18]。

2009年SAE在测试了一台500kW贯流式潮流能发电机后便舍弃了该类设计。加拿大的清流电力系统公司（Clean Current Power Systems）也在2006年研发了一台65kW的贯流式清流CC035B（Clean Current CC035B）机组后停止了相关研发。爱尔兰的开放水利公司（OpenHydro，OH）研制了一种结构独特的潮流能机组，其特点是没有转轴，结构相对简单。第一代250kW的空心贯流式（Open Centre）机组是苏格兰地区第一台并网发电的潮流能发电机组，于2006年下水，2008年并网发电。截至2014年，第七代直径为6m的空心贯流式水轮机已安全运行超10 000h[19,20]。

2015年开放水利公司（OH）在法国潘波尔·布雷哈特潮流能机组测试场（Paimpol Bréhat Tidal Turbine Test Site，PBTTTS）安装了两台额定功率2MW的空心贯流式潮流能发电机，后因出现故障而将其上岸维护，此后再未让其下水。该项目始终没能成功并网发电[21]。

2016年11月开放水利公司在加拿大芬迪海洋能源研究中心（The Fundy Ocean Research Centre for Energy，FORCE）测试场安装了一台2MW的空心贯流式2MW潮流能发电机，并于同年成功并网。2017年该测试机组被召回进行优化，并于2018年重新并网。同年，由于开放水利公司的母公司海军能源集团（Naval Energies）停止了对潮流能方向的投资，开放水利公司面临清算，相关项目被叫停。2022 年测试场将完成对空心贯流式（Open-Centre）2MW 机组的回收[15]。自此之后鲜有大功率贯流式设备测试并网的报道。

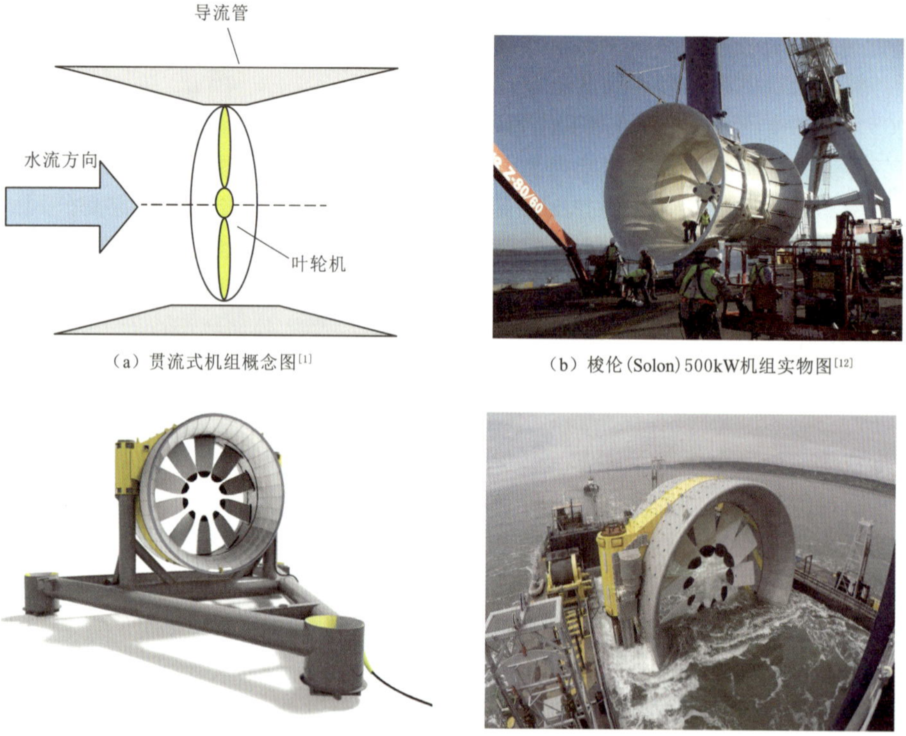

（a）贯流式机组概念图[1]　（b）梭伦（Solon）500kW机组实物图[12]

（c）空心贯流式（Open Center）2MW机组概念图[13]　（d）空心贯流式（Open Center）2MW机组实物图[14]

图 5.4　贯流式潮流能发电机组

5.1.4　风筝式

风筝式潮流能发电机（见图 5.5）由水翼和固定在水翼下方的水轮机组成，一般用绳索结构固定在海床上，类似于放风筝，水流会冲击水翼产生升力，使其在水中“飞翔”。通过绳索和方向舵系统的控制，风筝式潮流能发电机可以有相对固定的运动轨道。图 5.5（a）为米内斯图公司（Minesto）的深绿（Deep Green，DG）系列发电机工作时的 8 字形运行轨道。风筝式潮流能发电机的运动将会增加流经下方轴流式水轮机的进水量，使得它比同尺寸固定式水轮机发出更多电量，如米内斯图公司的 DG 系列发电机能够提供比本地潮流速度快近 10 倍的水流。但风筝式潮流能发电机对水深有一定要求，难以在浅水域运行。

2018 年米内斯图公司对风筝式潮流能发电机 DG500 进行了多项测试。DG500 由机翼、支架、舵、机舱和水轮机组成，总重量约为 15t。机舱位于机翼下方，内有电输出系统并配有液基冷却系统，水轮机位于机舱前端，方向舵和升降舵位于尾端，由一个封闭液压系统操控。在最大潮流速度期间，发电机转速可达 8r/min，整个机组可以在 1min 内以约 10m/s 的速度走完 3 次 8 字形轨道。产生的电力通过输电电缆传送到海底脐带电缆。

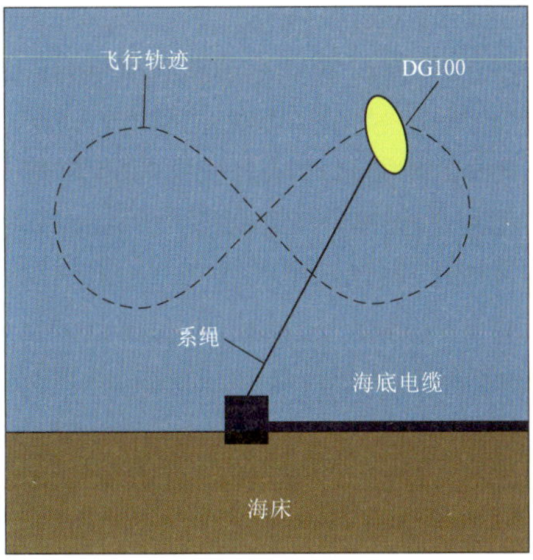

（a）DG100工作原理[22]

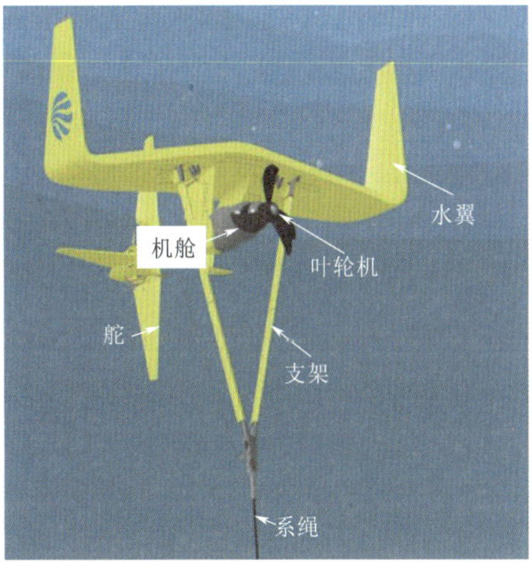

（b） DG100概念图[22]

（c）DG100实物图[23]

（d）DG500实物图[24]

（e）潮流风筝式（Tidal Kite）机组实物图[25]

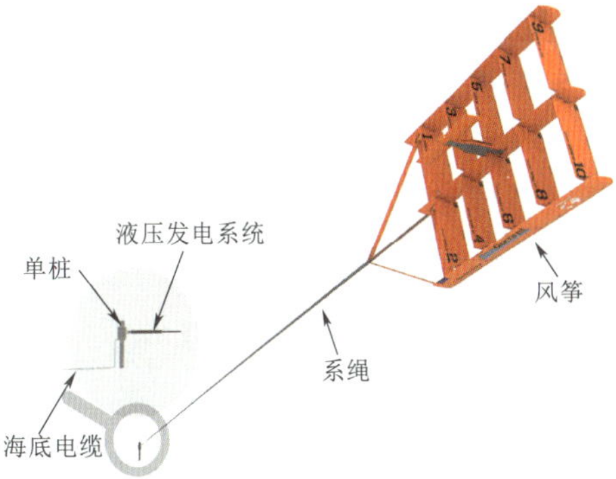

（f）潮流风筝式机组概念图[25]

图 5.5　风筝式潮流能发电机

虽然米内斯图公司早有计划在英国威尔士霍利黑德渊（Holyhead Deep，Wales，UK）安装 80MW 的 DG500，但截至 2021 年底仍未见相关报道[24]。2020 年 7 月，米内斯图公司在丹麦法罗群岛韦斯特曼海峡安装了一台 DG100，并于同年 11 月并网发电，成了第一台并网的风筝式潮流能发电机。DG100 叶展 5m，重约 2t，额定功率 100kW，运行流速为 1.2~2.5m/s。同样研究风筝式潮流能发电机的还有荷兰的海库伦特公司（Sea Qurrent），已经完成了 1：10 模型机的测试，并计划于 2022 年进行第一台千瓦级潮流风筝式（Tidal Kite）机组的并网测试。潮流风筝式机组的风筝被系绳固定在海底的单桩上，并围绕其旋转［(见图 5.5(e)、图 5.5(f)］。风筝产生的牵引力挤压液压缸并带动液压马达发电[25,26]。

与水平轴式机组相比，风筝式机组更适合布置在低流速地区，但是 500kW 的 DG500 测试后至今未有并网发电的项目，米内斯图公司反而并网了发电功率更低的 DG100。同时，海库伦特公司也只是刚刚开始千瓦级风筝式机组的测试，由此推测，距离风筝式潮流能发电机的商业化应用还有一段时间[24]。

5.1.5 摆动翼式

目前，摆动翼式潮流能发电机属于非常规机型，没有大功率单机并网的记录，现阶段可获取的数据有限。该机型［见图 5.6(a)］由悬臂梁和连接其上面的水翼组成。水流为水翼提供升力，悬臂梁抬升，水翼移动到最高点后，攻角发生变化，受力方向为反向，悬臂梁向反向运动，如此循环往复生产电力。摆动翼式潮流能发电机的水翼截面相同，不需要不同的扭转角，相比水平轴式叶片，其结构更简单，成本也更低。鲁尔克（Rourke）等[29] 认为改变摆动方向会消耗较多时间，因此摆动翼式潮流能发电机的效率一般不高。工程商业公司（The Engineering Business）早在 2002 年就研发了一台摆动翼式潮流能发电机组黄貂鱼［Stingray，见图 5.6(b)］，并在苏格兰北部的奥克尼群岛进行了为期一年的测试。黄貂鱼机组为座底式设计，额定功率为 150kW[28]。由于摆动翼式的机组比较少见，缺乏可靠数据，因此很难对其效率和输出功率做出确定性的结论。

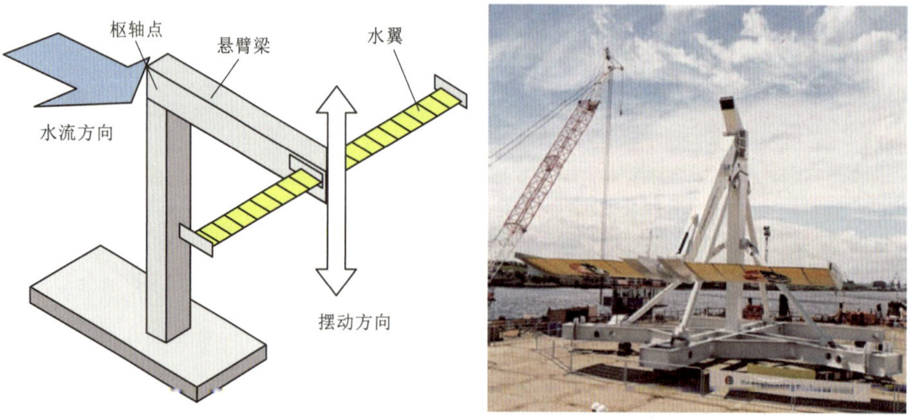

(a) 摆动翼式机组概念图[1]　　(b) 黄貂鱼150kW机组实物图[27]

图 5.6 摆动翼式潮流能发电机机组

5.1.6 螺旋叶式

螺旋叶式潮流能发电机（见图 5.7）又称阿基米德螺旋机（Archimedes'screw），是由一个螺旋面和其腹侧的圆柱轴组成的，经水流推动螺旋面使其旋转发电。该类机组并不多见，2011 年弗鲁米尔公司（Flumill）在沙坪赛湾潮流能测试场测试的单机 300kW 的机组，直径 2m，长度约 20m，固定形式为座底式，但该公司后续没有公布相关测试信息[30]。朱庇特水电公司（Jupiter Hydro）从 2011 年开始研制螺旋叶式潮流能发电机组，固定形式为漂浮式，并于 2013 年进行首次海试，测试流速约 3.5m/s，单机功率 500kW。新一代机组 EB4X500 预计于 2022 年在加拿大芬迪海洋能源研究中心（FORCE）展开并网测试，但之后未公布相关信息。

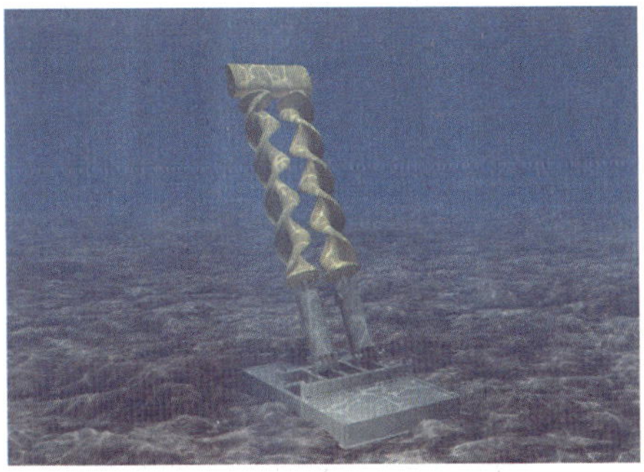

（a）弗鲁米尔(Flumill) 300kW机组概念图[30]

（b）弗鲁米尔(Flumill) 300kW机组吊装前[30]

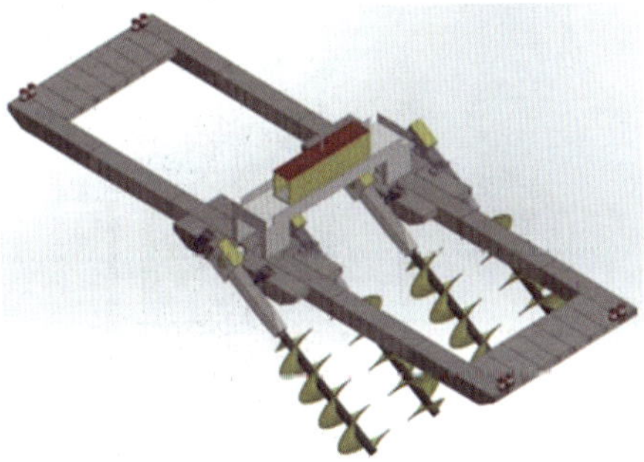

（c）EB4X500机组概念图[32]

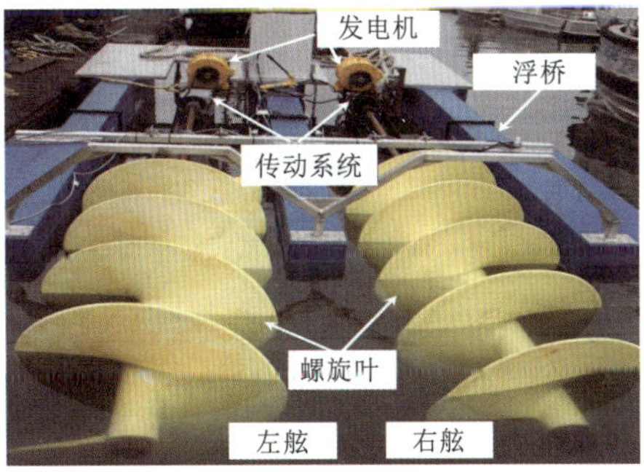

（d）EB4X500机组实物图[31]

图 5.7　螺旋叶式潮流能发电机组

5.2　机组的固定形式

机组是潮流能发电设备的重要组成部分，其形式主要为固定式和漂浮式两种。其中固定式主要包括桩柱式和座底式，漂浮式主要包括全潜式和半潜式（漂浮式发电平台）。

5.2.1　桩柱式

桩柱式固定形式相对稳定，可设计为升降式，便于维护设备，但其成本较高，不适于深水区域，该固定形式多出现在 2010 年以前的设备中。桩柱式分为全潜式和半潜式两种，但由于全潜式桩柱式潮流能机组在近几年研发较少，这里不做详细介绍。当采用桩柱式固定形式时（见图 5.8），水轮机可以安装在由桩基支撑的横梁上，或直接安装在桩上。2007 年美国绿色能源公司（Verdant Power）测试的第四代（Gen 4-35kW）机组［见图 5.8(a)、图 5.8(b)］就采用了桩柱式固定结构，整个水轮机连同塔筒套在固定在海床上的桩上，塔筒可相对于桩转动以实现双向发电[37]。但是对于更大型的设备，这种固定形式有可靠性不足的问题。

（a）美国绿色能源公司第四代（Gen 4）机组概念图[33]

（b）美国绿色能源公司第四代（Gen 4）机组实物图[33]

（c）海流（Sea Flow）机组实物图[27]

（d）海源S（Sean Gen S）机组实物图[34]

（e）空心贯流式(Open Cente) 250kW机组实物图[35]

（f）清流CC035B（Clean Current CC035B）机组实物图[27]

图 5.8　桩柱式潮流能发电机组

西门子·亚特兰蒂斯能源公司（SAE）在 2003 年和 2009 年研发的海流（Sea Flow）和海源 S（Sea Gen S）功率相对较大，分别为 300kW 和 1.2MW，均采用了半潜式桩柱式固定形式［见图 5.8(c)、图 5.8(d)］，单桩顶部和部分电气设备露出水面，升降式平台可根据维护需要将水轮机提升到海面上进行维护。其中海源 S（Sea Gen S）采用了双水轮机的设计，单机功率为 600kW。桩柱固定在两个水轮机中间而不是正后方，以减少对尾流的影响，改善水轮机的水动性能，此外，桩-横梁-双水轮机的设计也大大降低了建造成本[34]。

2006 年安装的空心贯流式（Open Center）250kW 潮流能发电机［见图 5.8(e)］使用了两个钢制桩固定，这些钢制桩嵌入预埋在海床上的套筒中。水轮机直径 6m，可通过两台 15t 的液压绞车调节水轮机的入水深度，减少运维成本和时间[20]。同年安装并测试的带导流管的清流 CC035B（Clean Current CC035B）潮流能发电机［见图 5.8(f)］固定方式也为桩柱式[36]。

5.2.2　座底式

座底式固定形式的优点是对航道影响小、成本低、结构简单；缺点是海底水流速度较慢，不能有效地利用上层的高速水流，对海床条件要求较高，不利于检修和回收。从 2003 年第一台并入国家电网的潮流能发电机组成功运行开始，座底式一直是主流的固定形式。除了安德里茨·哈默菲斯特水电公司 AHH、诺娃创新（Nova Innovation）、萨贝拉（Sabella）等公司一直使用座底式水平轴发电机，早期采用桩柱式固定形式的制造商如开放水利公司（OH）、西门子·亚特兰蒂斯能源公司（SAE）以及美国绿色能源公司（Verdant Power）等也在后续的研发中改用座底式固定形式。

座底式潮流能发电机（见图 5.9）由三角形金属支架构成主体，每条支架腿根部由重力负载固定。其中，深绿（Deep Gen）1000、AR1500 以及 HS1500 均为兆瓦级的大型发电设备，安装过程中先将基础吊装入水，再将机组通过类似卡扣的结构固定在基础上[38,39,44]。小型发电机，例如额定功率只有 100kW 的诺娃 100（NOVA100）是在岸上完成所有装配后一体式吊装入海。萨贝拉公司（Sabella）［见图 5.9(e)］的 D10 潮流能发电机是少见的六叶片设计，同样也采用了座底式固定形式[45]。

（a）AR1500机组概念图[38]

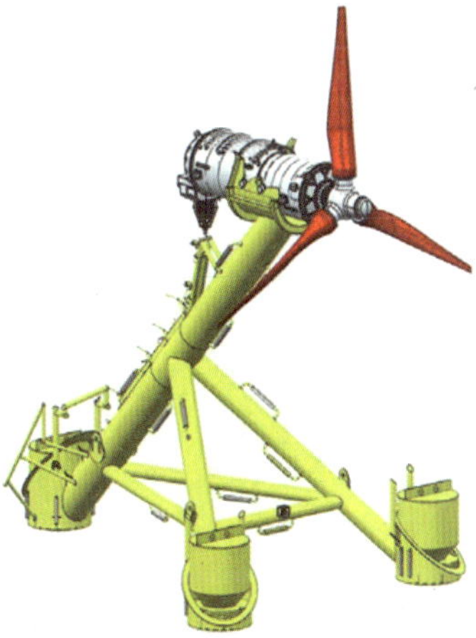

（b）HS1500机组概念图[39]

图 5.9　座底式潮流能发电机组（一）

（c）AR1500机组吊装下水[12]

（d）HS1500机组实物图[39]

（e）D10机组实物图[40]

（f）诺娃100（NOVA100）机组实物图[41]

图 5.9　座底式潮流能发电机组（二）

摒弃了空心贯流式（Open Center）250kW 的桩柱式固定形式，开放水利公司（OH）的第二代机组空心贯流式（Open Center）2MW 机组［见图 5.10(a)］也采用了座底式固定形式。同样，美国绿色能源公司（Verdant Power）的第五代机组（Gen 5）也用座底式取代了第四代机组（Gen 4）的桩柱式。其形式与常见的座底式不同，为三个水轮机分别固定在三角形钢制主基架的三个顶点上。潮流能源有限公司（Tidal Energy Limited）的德尔塔（Delta Stream）机组也采取了类似的结构［见图 5.10(b)］。德尔塔（Delta

（a）空心贯流式（Open Center）2MW机组实物图[42]

（b）德尔塔（Delta Stream）机组实物图[43]

图 5.10　其他类型的座底式潮流能发电机组

Stream）机组在测试一年后由于声纳系统出现故障而一直处于停滞状态[46]。需要说明的是，截至2021年底，这种座底式固定形式都没有应用在200kW以上的发电机组。

5.2.3 漂浮式潮流能发电平台

漂浮式锚泊固定方式可较好地利用表层高速水流，具有易于维护、移动和回收的特点。与座底式潮流能发电平台相比，漂浮式潮流能发电平台受波浪和台风的影响较大，技术要求高，设计建造成本也高。虽然漂浮式潮流能发电平台起步较晚，大部分机组在2010年后才并网测试，但其发展迅速且种类繁多，主要有半潜式和全潜式两种。现有的漂浮式发电平台几乎全为一平台多机组的设计形式，多使用双叶片机组，以变桨系统来实现双向发电，无须使用偏航系统。

2010年测试的莫里德二号（Morild II）是最早的兆瓦级潮流能发电平台。平台上共装有4台375kW的海峡（STRAUM）机组，通过液压传动系统将机械能传输至两台同步发电机。每个水轮机由两个独特的木叶片组成，可实现180°变桨双向发电[52]。

英国的轨道海洋动力公司（OMP）和西班牙的麦哲伦可再生能源公司（MR）先后在2016年和2019年研发了单机容量1MW，总装机容量2MW的漂浮式潮流能发电平台，规模为现今最大的，两者均为一平台两水轮机的设计。2021年轨道海洋动力公司（OMP）成功研制了轨道O2（Orbital O2）潮流能发电平台，并在苏格兰EMEC测试场并网发电［见图5.11(a) 图5.11(b) ］。圆柱形的平台主体内安装了升压器、变流器等电力电子器件。平台主体两侧各铰接一个支架结构，末端固定一个水轮机。通过相应的驱动系统，支架可以降低水轮机至水下发电或提升到水面进行维护。整个平台由锚、系泊链和缆绳组成的多锚悬链系泊系统固定。产生的电力通过动态电缆从平台输出传送至海底的静态电缆，最终传输到岸上的测试场变电站。轨道O2潮流能发电平台总长约80m，直径3.8m，装有两个1MW水轮机，额定流速为2.5m/s[47]。

麦哲伦可再生能源公司的2MW阿蒂尔（ATIR）潮流能发电平台［见图5.11(c)、图5.11(d) ］由船体、桅杆和机舱三个部分组成，两个水轮机一前一后安装在桅杆下方的机舱上，水轮机直径19m，单机功率约1WM，叶片转到顶部时距离水面4.4m[49]。平台由4条金属链锚固定在海床上。虽然阿蒂尔（ATIR）与轨道O2相比，结构更简单，但由于没有支架升降功能，因此水轮机的装配和检修都更困难一些。此外，水轮机一前一后的设计导致下游水轮机更易受到上游水轮机及机舱尾流的影响，从而降低发电效率。

2012年德国肖特尔水利公司（Schottel Hydro GmbH）与加拿大可持续海洋能源公司（Sustainable Marine Energy Canada）合作研制了潮流能发电平台。与前述平台相比，该平台使用了更小的发电机，但可同时安装多达6台水轮机，平台总装机容量近500kW。2020年该公司策划实施了普莱特一号（PLAT-I 6.40）潮流能发电平台项目，使用了6台额定功率为70kW的三叶片水平轴水轮机SIT 250，计划在加拿大FORCE测试场安装3个平台（已完成一个），总装机容量达1.26MW［见图5.11(e) ］，所有的水轮机一字排布在平台后方，由可升降的支架固定，便于后期的维护和替换[50]。托卡多公司（Tocardo）也采用了类似的设计，用可升降支架在漂浮式平台上固定一台250kW的T2水轮机［见图5.11(f) ］，该公司计划后续在同一平台上装配5台同类型机组[53]。

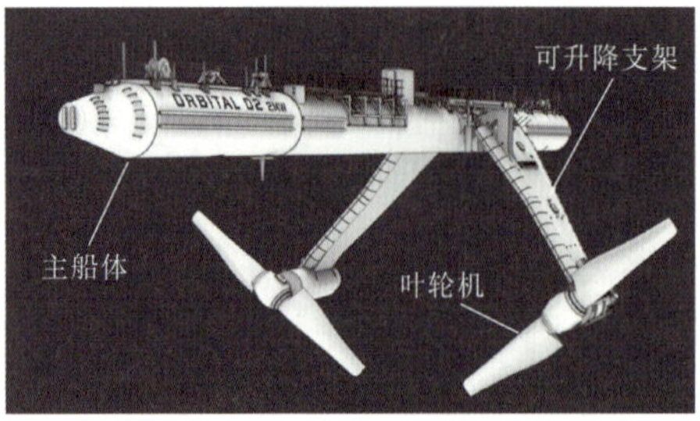

（a）轨道O2（Orbital O2）平台概念图[47]

（b）运输中的轨道O2（Orbital O2）平台[48]

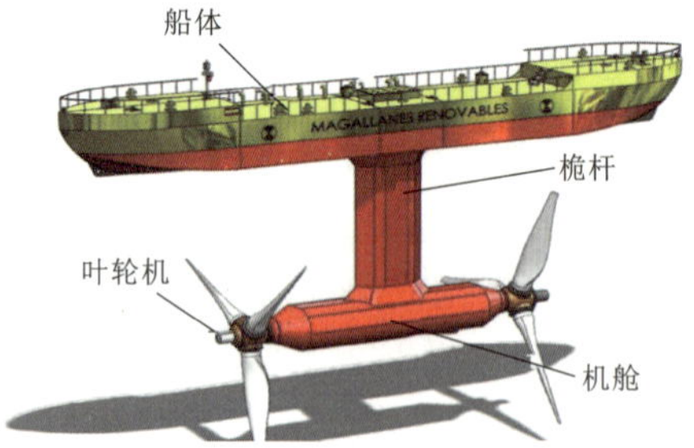

（c）阿蒂尔（ATIR）平台概念图[49]

（d）吊装中的阿蒂尔（ATIR）平台[49]

（e）普莱特一号（PLAT-I 6.40）漂浮式平台[50]

（f）走进潮流（In To Tidal）
项目使用了托卡多公司的水轮机[51]

图 5.11　漂浮式潮流能发电机组

5.2.4　全潜漂浮式

与漂浮式潮流能发电机相比，全潜漂浮式潮流能发电机结构简单，造价低，但平衡性和稳定性较差。与座底式相比，全潜漂浮式潮流能发电机没有价格优势，因此该类设计并不常见。比较有名的全潜漂浮式潮流能发电机有纽崔西缇公司（Nautricity）的科尔马特机组（CoRMaT）和 SMD 海视公司（SMD Hydrovision）的潮流 EL（TidEL）机组。2017 年纽崔西缇公司的科尔马特机组在苏格兰北部海域并网，其水轮机设计为两个前后排列的对转转子［见图 5.12(a)］。前转子为顺时针旋转的三叶片结构，后转子为逆时针旋转的四叶片结构。通过调整机舱前部和后部的浮力室可以实现中性浮力[56]。SMD 海视公司的潮流 EL 机组［见图 5.12(b)］则包含两台 500kW 定桨距水轮机，通过横梁连接在一起，叶轮直径为 15m，总功率容量为 1MW（流速为 2.3m/s，切入速度为 0.7m/s）。潮流 EL（TidEL）机组可通过远程控制系泊系统让其浮出水面进行维护或更换[55]。

（a）科尔马特（CoRMaT）机组实物图　　（b）潮流EL（TidEL）机组实物图

图 5.12 全潜漂浮式潮流能发电机

5.3 机组的叶片设计

叶片或水翼是水平轴潮流能发电机的重要组成部件，功能是将动能转化为机械能。现今大部分叶片设计技术来源于产业链更成熟的风电行业。出色的叶片设计有助于提高机组的整体性能。从目前看，不同的制造商有不同的翼型和设计方法标准。很多公司喜欢采用由莱特希尔（Lighthill）[57] 提出并被埃普乐（Eppler）推广使用的逆向设计技术（如埃普乐代码），该方法通过不断迭代计算来获得叶片表面上的压力分布，从而确定流动参数并从中计算叶片的最优形状。部分设计团队则喜欢先选取一个初定的叶片结构，然后进行解析模型或者风动实验以试错的方式逐步找出最合适的叶片设计。通常第二种方法会与数值优化代码结合使用[58]。

现在已经有很多研究专注于水平轴潮流能发电机的叶片设计[59]。叶片设计的主要目标是在提高升力系数的同时降低阻力系数和俯仰力矩系数[60]。目前，多个科研组织在叶片或水翼设计的实验和数值研究方面做出突出的贡献，如美国国家航空航天局（National Aeronautics and Space Administration，NASA）、丹麦理工大学里索可持续能源国家实验室（Risϕ DTU National Laboratory for Sustainable Energy，RISϕ）和美国国家可再生能源实验室（National Renewable Energy Laboratory，NREL）等。纳克兰斯（Nachrance）等[61] 提出，为了设计出性能更好的潮流能发电装置，叶片的翼型设计应满足以下条件：

（1）为了尽可能避免气蚀的发生，压力系数应小于气蚀系数。为了获得较高的升阻比，最大压力系数应小于1.77，尤其是在叶片的前缘。

（2）为了避免边界层分离和失速情况的发生，叶片大部分区域的攻角应尽量保持在12°以下。

（3）对于常见的水轮机，叶尖速比在3.5~6时可获得最大能量转换系数，最接近贝茨极限，具体取值与叶片数目和潮流流速相关。

一些与叶片相关的设计参数有升力和阻力、实度和叶片数目。

5.3.1 升力和阻力

所有从流体中获取能量的方法都需要借助流体和机械的相互运动，最有效的相互运动需要产生尽可能大的升力和尽可能小的阻力，即升阻比越大越好。升力为设备受到的与流体流动方向垂直的力，而阻力则是指设备受到的与流体流动方向一致的力。水车和依靠阻力的机械装置完全依靠水流推动，叶片与水流方向垂直，其旋转速度较慢，而水轮机的叶片通过精心的流线型设计与来流方向形成一定角度，依靠升力提高转速。

升力型机组叶片受力分析见图 5.13，水轮机半径为 r，以角速度 ω_R 旋转时，叶片离轮毂中心距离为 r 的截面会受到一个流速为 $u_R=\omega_R r$ 的切向水流分量的冲击（绿色箭头）。同时，该截面还受到一个轴向水流分量（潮流来流）的冲击（蓝色箭头），速度为 u。该处叶片截面受到的总来流为两个分量的矢量和（红色箭头），与翼型平面的夹角为 α，即攻角。水流流经叶片表面会对其产生一个表面力，垂直于水流流向的分力为升力（F_L），平行于水流流向的分力为阻力（F_D），翼型受到的阻力一般很小，可以忽略不计。升力平行于旋转平面的分量（F_T）为叶轮旋转提供动力。

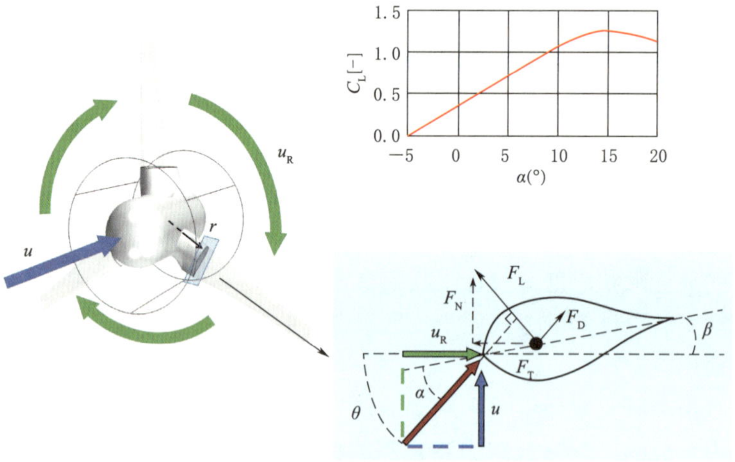

图 5.13 升力型机组叶片受力分析

一般，当 α 小于一定数值时（10°~12°），翼型的升力系数 C_L 与之成正比，当 α 达到一定角度时，边界层分离现象出现，导致翼型失速，这时升力不再增长，而阻力急剧增加，翼型的水动性能下降，同时 F_T 降低。设计时应当保证叶片在临界失速条件下运行，尽量确保 F_T 的数值在一个较高的水平。在不同的径向位置（r 不同），旋转流的大小 $\omega_R r$ 不同，来流与旋转平面的夹角 θ 也不同，因此需要调整叶片的扭转角 β 来保证在不同的径向位置上都能实现翼型最优的水动性能[62]。

5.3.2 实度和叶片数目

实度是水轮机在流向投影的总面积和扫掠面积的比，它是影响潮流能发电机的重要参数，水轮机的实度为：

$$\sigma_S = \frac{N_B S_B}{\pi R^2} \tag{5.1}$$

式中：R 为水轮机半径；N_B 为叶片个数；S_B 为单个叶片对风向的投影面积。潮流能发电机组的叶片一般较少（2~3 个），不过也有多达 16 个叶片的机组。低实度水轮机叶片少，叶片较窄，比多叶片的高实度水轮机造价低，运行流速范围广，有较高的功率系数，但是同样直径的多叶片机组比少叶片机组在相同流速时的输出力矩大得多，在低流速时就可以启动，所以多叶片机组更适合流速稳定的低速海域。

风力发电机的叶片一般为三叶片，而潮流能机组的两叶片设计和三叶片设计都很普遍。这主要是因为与风力发电机相比，潮流能机组叶片根部承受的弯矩大很多，因此在设计潮流能机组的时候倾向于使用更少的叶片，同时叶片弦长更宽，在增加叶片强度的同时控制实度。不过更厚的叶片展弦比（Aspect Ratio）更低，相比薄叶片来说，这会造成一定的功率损失。同时，三叶片机组在运行时平衡性更好，因此齿轮箱和整体结构的疲劳载荷较小。但是对于大型潮流能机组来说，两叶片的设计在安装、拆卸和出水维护方面更方便，同时叶轮和支撑结构之间的交互影响也小很多。

5.4 机组的传动及发电机系统

潮流能机组的传动及发电机系统的工作原理和风力发电机相似，故借鉴了许多技术。潮流能机组的发电机系统有 4 类：液压发电机系统、双馈发电机系统、永磁半直驱发电机系统以及永磁直驱发电机系统。

双馈发电机系统和永磁半直驱发电机系统采用了传统的能量转换方案，先通过齿轮箱增加主轴旋转速度，将水轮机的低速高扭矩机械能转换为高速低扭矩机械能，再由发电机将机械能转化为电能。永磁直驱发电机系统则是将发电机与水轮机直接连接，省去了中间的齿轮箱，大大地提高了系统的整体可靠性和效率，但这种系统要求发电机具有较高极数，因此极距较小。由于多极数的励磁发电机往往效率很低，因此永磁发电机更适合直驱设计。由于较高的可靠性，双馈发电机系统是目前最常见的潮流能装置的传动和能量转化系统。永磁发电机虽然价格较高，但故障率较低，因此更有发展前景[63]。

（1）液压发电机系统。液压发电机系统采用的是液压传动机构驱动发电机，取消了传统的齿轮箱传动机构。该系统将水轮机的不稳定旋转机械能转化为液压能，液压能存储在蓄能器中，驱动液压发电机工作。但该类发电机制造难度大，油液易污染环境，且故障难以排查维修，因此采用液压发电机系统的机组非常少见。

（2）双馈发电机系统。双馈发电机系统采用的是励磁发电机，在接入电网时，通过控制一个连接到转子电路的小型转换器，实现恒频电力输出。与其他变速恒频发电技术相比，双馈发电机系统不需要使用高成本的大型转换器，使用的小型转换器仅为额定功率的 20%~30%。但是该发电机的转速范围限制在额定转速的±30%，水轮机与发电机之间必须配有齿轮箱，这大大地降低了系统的可靠性，增加了维护成本。双馈发电机和永磁直驱发电机传动系统[14] 见图 5.14。

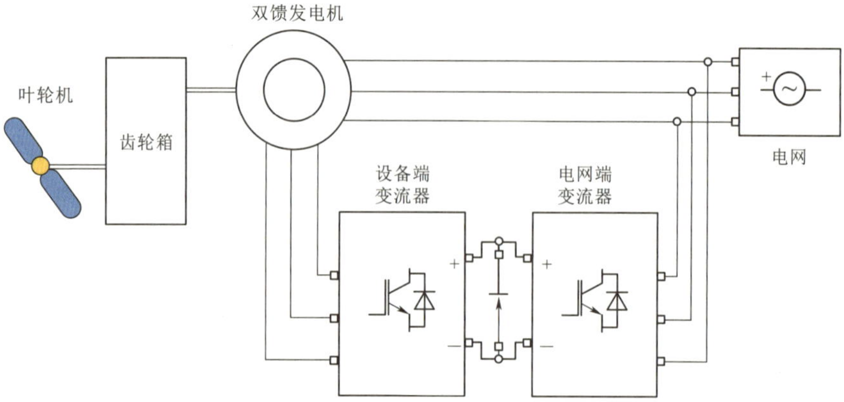

（a）双馈发电机传动系统

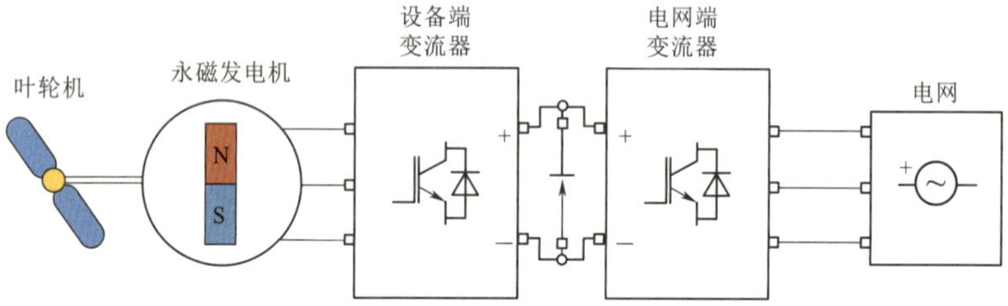

（b）永磁直驱发电机传动系统

图 5.14　双馈发电机和永磁直驱发电机传动系统[14]

在海源（Sea Gen）机组的设计初期（2008 年），西门子·亚特兰蒂斯能源公司的设计团队探索了许多设计方案，比如使用高速液压马达（风险高、效率低、开发成本高）和永磁直驱发电机（效率高，但是当时技术不成熟）。最终海源机组采用了当时风电行业的主流设计方案——行星齿轮箱配合双馈发电机[62]。这种设计方案也被许多其他潮流能公司沿用，例如 AHH 的 HS1000 型发电机[39] 及轨道海洋动力公司（OMP）的轨道 O2 平台[47]。

（3）永磁半直驱发电机系统。与双馈发电机相比，永磁同步发电机具有维护成本低、功率密度高的优点，但并网时需要使用大功率变流器，加上永磁材料成本较高，导致其总造价高于其他发电设备。

与永磁直驱发电机系统相比，永磁半直驱发电机采用的发电机极数更少，转速更高，需要使用较低变速比的齿轮箱。由于发电机的尺寸与其额定扭矩直接相关，因此在相同功率下半直驱发电机更小，制造成本更低，运输和组装成本也更低。不过永磁半直驱发电机使用了齿轮箱，会增加系统的维护需求。

西门子·亚特兰蒂斯能源公司（SAE）的 AR1500 发电机于 2017 年商业化并网，该机组采用的是永磁半直驱发电机与二级齿轮箱集成安装的结构。发电机由齿轮箱输出轴（高速轴）轴承支撑，省去了单独的发电机轴承[38]。

（4）永磁直驱发电机系统。永磁直驱发电机系统采用的是永磁多极数低速发电机，发电机与水轮机直接连接，无须齿轮箱传动，大大地提高了系统的整体可靠性和机械效率［见图 5.14（b）］。永磁直驱发电机通常具有较高的极数、较小的极距。目前许多公司设计的潮流能机组采用的是永磁直驱发电机系统，例如 2015 年萨贝拉公司测试的 D10[45] 和 2017 年托卡多公司测试的 T2 水轮机[64]。

有的公司针对直驱技术设计了较独特的永磁发电机系统。纽崔西缇公司开发的科尔马特（CoRMaT）潮流能发电机与传统的低速发电机不同，其转子旋转的同时定子反向旋转，两者的相对旋转速度是传统设计的两倍，因此在前端无须齿轮箱的配合，可以直接适应低速、高扭矩的输入。与传统的永磁发电机相比，转速的提高使电磁元件的尺寸、重量和成本减半，因此可以将更小、更轻的发电机直接连接到转子上[54]。空心贯流式（Open Center）潮流能发电机拥有一种非常规结构，其水轮机和永磁发电机集合成一个组件：永磁发电机转子在水轮机叶片尖端形成一个环形结构，定子集成在导流管中。这种设计可以提高系统的可靠性，减少维护需求[65]。不过这种贯流式的设计在近几年很少见。

依据其内部的密封形式，发电机也可以分为气隙发电机和水隙发电机（浸没式发电机），其中水隙发电机多用于永磁直驱式设计。

（1）气隙发电机。气隙发电机［见图 5.15(a)］的发展时间较长，其可靠性已经过时间检验。大多数水轮机制造商使用的是传统的气隙发电机，即定子-转子间隙被空气占据。这类发电机在水电和风电领域很常见。和水隙发电机相比，气隙发电机中没有额外的定子套筒或转子套筒，有效气隙长度较小，故所需的磁铁体积更小，制作过程更简单，制造成本更低。由西门子·亚特兰蒂斯能源公司设计制造的 AR1500 潮流能发电机采用的便是气隙发电机[38]。

潮流能发电机在水下运行，发电机封闭在机舱中，内部机舱空间通过水轮机转轴上的高压旋转密封与海水隔离，以防止电机线圈、磁铁和轴承等关键部件发生腐蚀和电气故障。这种设计的缺点是，一旦密封件出现泄漏，整个发电机系统都会受到严重的影响。同时转轴上的旋转密封也容易磨损，导致轴承发热、摩阻增加，使得功率损失，影响使用寿命[66]。为避免摩擦损失，有些设计也会允许少量的液体通过，作为密封面之间的润滑膜，但这无形中增加了泄漏的风险。为解决泄漏问题，部分兆瓦级大型潮流能发电机参考船舶工业的方法，使用排水泵和除湿器排出机舱水。除磨损外，密封件在受到一些不可预测或者极端条件的影响时也会失效，如轴偏离、腐蚀以及异物黏附和密封面堵塞。由于气隙发电机存在密封损坏或劣化的可能性，需要定期进行密封件的维护。根据一项针对潮流能的研究，潮流能发电机服务周期需要达到 20 年才能与其他可再生能源进行市场化竞争[67]。目前关于潮流能发电机密封件可靠性的公开数据不多，就船用螺旋桨和密封式电动泵的密封件故障率来看，在 20 年服役期内仅依赖高压密封件似乎很难避免泄漏问题的发生，因此不存在密封泄漏问题的水隙发电机引起了学术界和工业界的广泛关注[68]。

（2）水隙发电机。水隙发电机又称浸没式发电机，与气隙发电机相比，其安装定子套筒和转子套筒，套筒用于封闭定子绕组和转子磁铁，防止其暴露在海水中。由于套有套筒的转子在水隙中旋转，水的阻力远远大于空气，因此水隙发电机一般是低转速运行，更适合直驱式设计。2016 年诺娃创新公司（NOVA Innovation）并网的诺娃 100（NOVA100）潮流能机组、2018 年组崔西缇公司测试的科尔马特（CoRMat）潮流能机组和水利开放公司制造的空心贯流（Open Center）系列潮流能机组均使用了水隙发电机[70,71]。

水隙发电机的密封要求低，一般不需要像气隙发电机那样使用高压旋转密封轴承系统。在理想情况下可以考虑配备海水润滑的流体动压轴承，但对于潮流能发电机来说，这种方案有明显的问题。由于水轮机通常以低速（小于 40r/min）运行且海水的黏度很低，导致流体膜厚度太薄而不能实现良好的流体动力润滑。若改用静压水润滑轴承，则运作时需要额外的电机驱动泵，在提高成本的同时增加了系统的不稳定性，因此大多数制造商倾向于使用油或脂润滑的滚柱轴承[66]。使用滚柱轴承的缺点是，在循环应力作用下，其极易受到腐蚀、泥沙渗透和疲劳载荷的影响。在这种情况下，建议用碎屑密封［见图 5.15(b)］来避免水隙中的自由水循环。碎屑密封不需要提供高压，只需要阻止包括海洋生物在内的大颗粒进入发电机即可，它们造价低，维护需求少。此外，可以在略高于环境压力的情况下，向水隙发电机内部注入清洁淡水，以延长水隙发电机内轴承的使用寿命[72]。

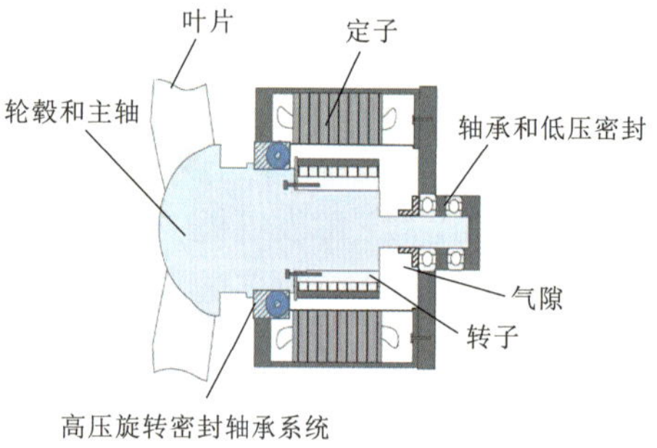

（a）气隙发电机

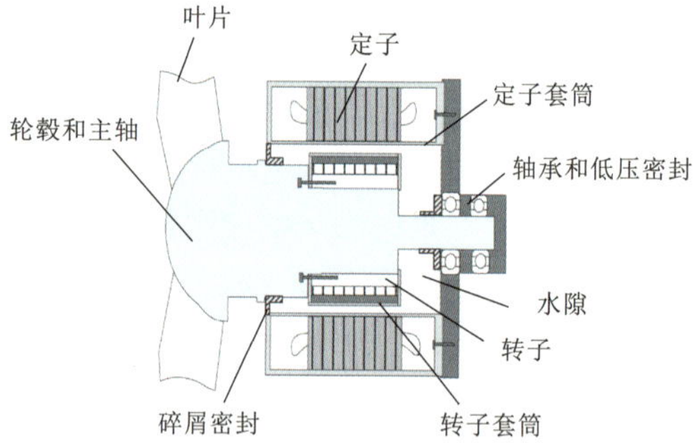

（b）水隙发电机

图 5.15　气隙发电机和水隙发电机[69]

5.5　机组的偏航变桨系统

5.5.1　偏航系统

偏航系统可以在潮流方向发生变化时，实时调节机组的方向，使叶片的旋转平面始终与水流方向垂直，最大限度地获取潮流能资源，实现双向发电。单桩水平轴潮流能发电机组偏航过程示意图见图 5.16。偏航系统能够将机组结构旋转 180°，但潮流通常不是完美的双线性，涨潮和落潮时的水流夹角也不是严格的 180°，常会有一些偏差。当失调角度约为 5°时，该方向上的流量减少量约为 0.4%。因此在失调角度小于该值时，角度偏差造成的影响可以忽略不计[73]。当失调角度过大时，需要在机组系统设计过程中考虑该情况下的流量损失。偏航系统通常会采用滚柱回转支承，同时配备良好的密封系统以防止海水进入[74]。液压马达作用于齿圈，以传递扭矩并使整个机组结构偏航，一般会有挡块防止过度旋转。轴承箱可从上部结构加压，以降低进水风险。旋转结构底部常装有导向系统，用于对系统上的任何不平衡力矩做出对应的调整。

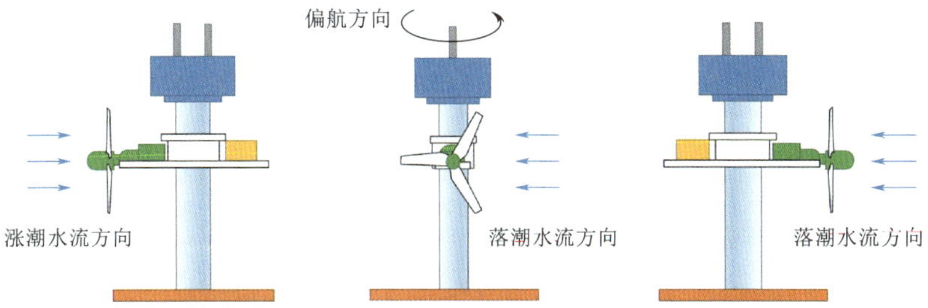

图 5.16　单桩水平轴潮流能发电机组偏航过程示意图

5.5.2　定桨距系统和变桨距系统

（1）定桨距系统。定桨距系统的叶片以最佳桨距角固定在转子上，叶片始终不相对轮毂转动。与变桨距系统相比，其具有结构简单、成本低的优势，不过存在效率低且有功率波动的问题。定桨距发电机的功率曲线见图 5.17（a），在流速高于切入速度且低于额定流速时，水轮机功率随水流速度的三次方成正比。但是当流速低于切入速度时，转子因扭矩不足而无法正常运转。当流速高于额定流速但低于切出流速时，由于叶片角度的被动失速，功率输出低于额定功率。

定桨距系统的叶片在设计时需要确保其在流速高于额定流速时产生被动失速。被动失速发生时，高速流体会在叶片背面造成表面湍流。随着流速的不断增加，水流产生的升力将衰减直至消失，从而降低转子速度，保护水轮机[75]。由于定桨距水轮机无法改变叶片的桨距角，因此在极高流速的情况下，水轮机将承受很高的负荷[76]。此外，定桨距水轮机的效率一般低于同类型的变桨距水轮机。在电力输出方面，定桨距水轮机存在输入电网功率波动的问题。同时由于涨潮和落潮时潮流方向改变的特点，大多数定桨距潮流能机组需要配备偏航系统，以实现双向发电。

（2）变桨距系统。变桨距系统通过控制叶片的桨距角调节叶片的攻角，改变叶片的升力来控制水轮机的转速，从而达到控制输出扭矩和功率的目的。变桨距机组在额定流速以上运行时，可显著降低机组所受载荷。但是，相较于定桨距系统，变桨距系统有变桨密封、变桨轴承、变桨结构及电气控制元件等，增加了系统失效的风险，在一定程度上降低了机组的可靠性。

变桨距发电机的功率曲线见图 5.17（b），当流速低于额定流速时，功率随流速的三次方成正比。当流速低于切入速度时，转子扭矩不足以使水轮机正常启动[77]。当流速高于切出流速时，水轮机将被制动，以防止水轮机因扭矩或推力过大而损坏。当流速在额定流速和切出速度之间时，变桨系统通过调整叶片桨距角将输出功率稳定在额定功率。

主动失速广泛应用于变桨距系统中。当流速超过额定流速时，变桨距系统控制叶片俯仰角度以改变叶片攻角，使叶片背面出现大量表面湍流以及边界层分离，造成失速现象，从而降低能量捕获效率。也就是说，变桨距系统能够通过调整叶片攻角将潮流能水轮机的功率输出保持在其额定值。而当叶片完全转向迎流侧时，叶片受到来自水流的升力完全消

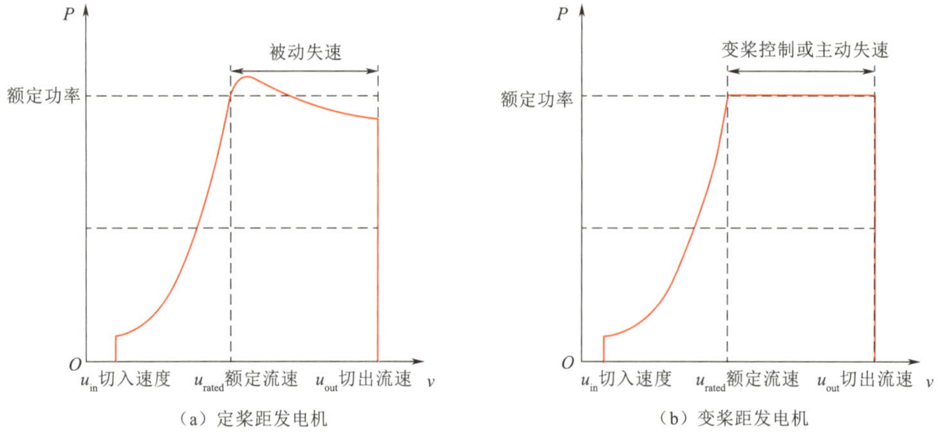

图 5.17 定桨距发电机和变桨距发电机的功率曲线

p—功率；v—流速

失，该方法可用于在极高流速下制动转子，以保护水轮机。

总体来说，与定桨距系统相比，变桨距系统的主要优势有：

（1）稳定的功率输出。当流速低于潮流能机组的额定流速时，变桨距系统不工作（也有少数设计会让变桨距系统在此时调节发电功率）；当流速高于潮流能机组的额定流速时，变桨距系统开始工作，调整桨距角，以实时将潮流能机组的输出功率稳定在额定功率。

（2）更高的水轮机效率。在高流速的情况下，变桨距系统的效率高于定桨距系统的效率[78]。变桨距系统可以通过调节叶片桨距角，使机组在接近额定功率时稳定输出功率。而定桨距水轮机由于叶片被动失速导致叶轮效率降低，功率损失较大。

（3）更好的启动和制动性能。在流速较低的情况下，因为启动扭矩不足以克服反向扭矩，定桨距水轮机无法启动。而变桨距系统通过调节叶片桨距角能够产生较大的启动转矩，因此变桨距水轮机具有更大的运行流速范围。当水轮机在运行期间遇到极端高速水流时，变桨距系统可通过调整叶片桨距角，产生反向扭矩来制动机组，保护叶片系统。

如今变桨距系统已被广泛运用在潮流能发电设备中，依据驱动形式，变桨距系统一般分为两类，即电动变桨距系统和液压变桨距系统。

（1）电动变桨距系统。SAE 开发的海源-S（Sea Gen-S）潮流能机组采用的就是电动变桨距系统，将伺服电机作为驱动叶片变桨距的电源。叶片通过齿轮箱连接到伺服电机系统，以实现实时变桨功能。电动变桨距系统结构简单，维护成本低，其响应速度比液压变桨距系统快。但是，由于伺服电机产生的扭矩较低，电动变桨距系统一般用于中小型功率的潮流能水轮机[79]。

（2）液压变桨距系统。液压变桨距系统可产生更高的驱动扭矩，尤其适用于大功率的水轮机[80]，但该系统存在液压油泄漏的风险，而且相对复杂的结构也增加了维护成本，这些都限制了液压变桨距系统的应用。

变桨距系统可以通过桨叶旋转 180°来实现双向发电，但是当涨落潮不是相差 180°时，其双向发电效果不及偏航系统，并且由于通过变桨换向后，叶片受到基础和机舱的尾流效应影响，使得反向运行时转换效率稍低。通过 180°变桨实现双向发电，常需要采用电动变桨距系统，但是电动变桨的桨叶轴承的直径大，与海水接触的周长较大，增加了密封难度。

5.5.3　机组变桨与偏航系统组合方式

潮流能机组变桨与偏航系统的组合方式主要有以下几种，即不偏航不变桨、只偏航不变桨、只变桨不偏航、变桨和偏航同时采用。

（1）不偏航不变桨。这种组合方式在目前已进行测试的机组中有德国的福伊特公司（VOITH）和法国的萨贝拉公司（Sabella）的机组。其优点是水轮机叶片采用对称结构，不需要采用变桨和偏航系统便可以双向运行；设备可靠性高，维护成本低。缺点是由于水轮机叶片采用对称结构，设计时需要兼顾正反向运行需求。正因如此，其正向运行效率比常规设计的叶片效率低约 10%，而反向运行效率更低。这也使得机组的转速和功率不恒定，不能在大流速下运行，转子和驱动链受力不稳定，并网时对电网有冲击，无法在极端高流速下利用失速调控机组。

（2）只偏航不变桨。这种组合方式的优点是由于没有变桨距系统，机组的可靠性较高；水轮机叶片采用常规结构，偏航系统的旋转能改变机组的方向，最大化获得潮流能资源。缺点是叶片不能根据流速的大小自动调节桨距角，降低了转换效率；转子和传动链受力不稳定，机组的转速和功率不恒定，并网时对电网有冲击。例如，2011 年西门子・亚特兰蒂斯能源公司在 EMEC 测试场安装的 AR1000 机组就采用了只偏航不变桨的设计，其偏航控制系统可使水轮机旋转 180°，当流速为 2. 65m/s 时，可达到 1MW 的额定功率，不过最新机型 AR1500 则又增加了变桨系统。

（3）只变桨不偏航。西门子・亚特兰蒂斯能源公司的桩柱式固定的海流（Sea Flow）采用了该方式，叶片变桨可达 270°，能实现双向发电。然而，当潮流变向，机组在桩柱下游区运行时，机组会产生明显的振动问题，这大大降低了系统寿命。因此后续设计的海源 S（Sea Gen S）采用了双机组设计，两个机组分别布放在桩柱两边，大大减少了反向发电时桩柱对机组功率的影响，同样使用变桨距系统实现双向发电。该组合方式综合了变桨距系统的各种优点，但是其双向发电性能不及有偏航系统的机组。由于不需要考虑桩柱和大型结构件对机组的影响，因此漂浮式发电平台一般采用只变桨不偏航的系统，如 OMP 的 O2 平台和 MR 的阿蒂尔（ATIR）平台。

（4）变桨和偏航同时采用。目前，最先进的座底式固定机组均采用这种形式，如 HS1500 和 AR1500。其优点是兼有变桨和偏航系统的优点。缺点是机组的结构复杂，降低了机组的可靠性，维护成本较高。

5.6　机组的主要参数

（1）机组整体转换效率。当流速一定时，从潮流中获得的能量大小取决于水轮机的叶片扫掠面积和能量转化效率。水轮机的能量转化效率定义为水轮机的理论额定功率占未经扰动的水流通过该截面的功率之比为

$$C_{\mathrm{P}} = \frac{P}{\frac{1}{2}\rho A_{\mathrm{S}} u^{3}} \tag{5.2}$$

式中：P 表示发电功率；ρ 表示海水密度；u 表示潮流流速；A_S 表示扫掠面积。其中，水平轴式潮流能发电机的扫掠面积为：

$$A_S = \frac{1}{4}\pi D^2 \tag{5.3}$$

式中：D 为叶轮直径，由实际工程海域条件确定。水轮机的理论能量转化率最大为59.3%，也就是常说的贝茨极限。而实际上，所有种类的潮流能发电机效率都远低于这个数值，最主要的能量损失来源于摩擦力和阻力。当然，机械、电气以及并网方面的损失也需要考虑。评价发电机组性能的最好方式是对比其 C_P 曲线。但是，由于潮流能发电机技术的发展时间相对较短，目前搜集到的资料有限，并不能给出已有潮流能机组的完整 C_P 曲线，这里参照风力发电机的相关数据进行类比说明。几种常见风力发电机的发电效率对比见图 5.18，在潮流能资源丰富的地区，水平轴轴流式机组的发电性能较好。

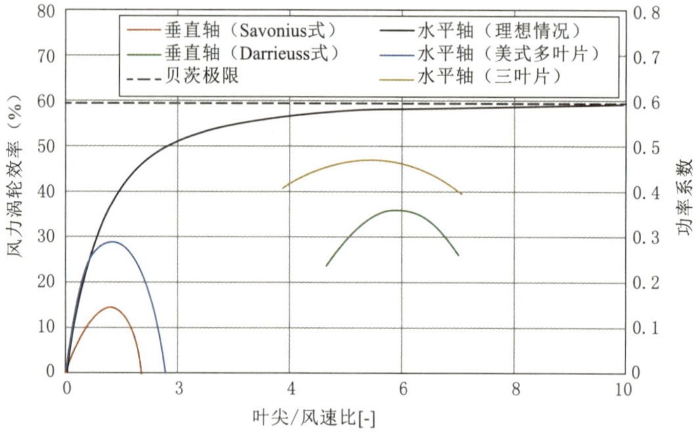

图 5.18 几种常见风力发电机的发电效率对比[62]

欧洲海洋能源中心（EMEC）在《海洋可再生能源指南——潮流能资源评估》（Assessment of Tidal Energy Resource-Marine Renewable Energy Guides）[81] 中提到机组转换效率的经验取值，即在机组没有定性前，其转子效率在切入流速至额定流速之间时可取 38%～45%，发电机平均转换效率可取 90%。因此，机组在额定流速点的总效率可取 40.5%。

（2）启动流速和切出流速。启动流速：根据已测试和运行的机组资料，潮流能发电机组的启动流速一般为 0.5～0.7m/s。切出流速：根据已测试和运行的机组资料，潮流能发电机组的切出流速一般不高于 4.0m/s。

（3）额定转速。根据水轮机的原理，一般三叶片水轮机的最优叶尖速比为 5～8，因此，当额定流速为 2m/s 时，可以初步确定机组的额定转速为 10～16r/min。

（4）额定容量与额定流速。当机组的叶轮直径和转换效率确定后，机组的额定容量与流速的三次幂成正比。额定流速定得低，其额定容量也低；当流速大于额定流速时，机组出力受阻，如果流速大于额定流速的概率大，出力将严重受阻，需要增大额定流速或额定容量，以有效利用潮流能资源；反之，则需要减小额定流速或额定容量，以节约工程投资。因此，需要确定一个既能有效利用资源，又能合理控制投资的额定流速。

（5）机组安放角。机组安放角是指沿机组轴线方向水轮机叶轮一侧与正北方向的夹角，该方向应与潮流主流方向一致。这样可以保证即使没有偏航系统或偏航系统故障，仍能最大限度地利用潮流能资源。

5.7 影响机组运行发电的因素

潮流能机组发电量受利用率、气候、海水密度、功率曲线、机组尾流、叶片腐蚀、控制系统、湍流强度、潮流场内能量损耗等各种因素的影响，计算发电量时需考虑上述因素并对计算公式进行修正。目前国内尚未有商业运行的潮流能项目，潮流能机组的发电量计算没有明确依据，主要借鉴风电开发经验来考虑各因素的影响。

5.7.1 气穴效应

气穴效应对潮流能机组叶片设计有重要影响。气穴效应常出现在叶片的高速区，会降低翼型叶片的升力系数，增加阻力系数，对潮流能发电机的发电效率有十分不利的影响[61]。

根据伯努利方程，流体中流速高的地方压强低，当压力低于空气分离压力时，溶解在水中的空气会被分离出来，以气泡的形式存在于液体中并占据一定的空间，使液体变得不连续，此现象被称为气穴效应或空化效应。这些气泡最终会破裂分解再次溶入水中并产生高频高压脉冲，长期作用在叶片表面会导致其气蚀而变得粗糙。粗糙的表面又会降低叶片的水动性能，进而降低机组的发电效率。王大政等[82] 通过一系列测试研究了气穴效应对小尺寸潮流能发电机性能的影响，指出气穴效应还会增加噪声污染，影响附近的海洋生物。巴哈伊（Bahaj）等[83] 通过实验也证实了气穴效应对潮流能机组存在不利影响，并建议潮流能发电机的叶片尖端速度不要超过 7m/s。尼克尔斯（Nicholls）等[84] 通过研究发现，当叶片可以根据水流条件调整桨距角时，气蚀发生的概率会降低。

5.7.2 生物污染

生物污染是指设备在海水中运行一段时间后，其表面会生长一些海洋生物（如细菌、藻类、无脊椎动物等）的现象，常出现在水轮机表面的低速区。和气穴效应一样，是少数几个在潮流能机组设计时需要考虑但是在风力机设计时不会涉及的问题。生物的附着会在水下设备上形成一个污染区（见图 5.19），导致其受侵蚀甚至损坏。生物污染的程度与所在区域的水深、温度、盐度及海况有关，主要发生在机组叶片根部或轮毂上，特别是当转动速度较慢时，这种现象更显著。在海洋工程领域通常使用抗污涂料抑制生物污染，该类涂层依据抗污原理主要分为三种类型[61,85]。

（1）高毒性防污涂料。20 世纪比较常见的是含三丁基有机锡（Tributyltin，TBT）的高毒性防污涂料，其杀菌效果显著且有效期很长，但是会严重影响海洋生物的活动，也会污染水质，因此在 2008 年之后，各国逐渐禁止这种涂料的使用[86]。

（2）化学活性防污涂料（Biocide based）。在涂料中掺入 Cu_2O、ZnO 或有机杀生剂等，通过缓慢释放防污剂控制海洋生物的生长，是目前应用最广泛的防污方式。不过化学活性防污涂料的使用同样受到一定的限制，因此需要朝着无毒环保的方向发展[87]。

（3）污损释放型防污涂料（Fouling release）。污损释放型防污涂料是利用涂料本身

图 5.19　测试三年后清流 CC036B（Clean Current CC036B）机组表面附着大量生物[61]

的物理性质，使得海洋生物难以吸附或者附着不牢，在设备运行时可借助水流的冲击清除附着生物。多项研究表明，涂层的表面能、弹性模量、厚度、表面形貌等对其防污性能有很大的影响。对于大部分海洋生物而言，涂层表面能越低，越难在其表面附着[88-90]。目前常用的污损释放型防污涂料主要是有机硅、有机氟和氟硅树脂三大类[91]。耶布拉（Yebra）等[92] 对采用不同防腐涂层水轮机的性能进行了比较，发现与化学活性防污涂料相比，污损释放型防污涂料有更好的防污性能。虽然在测试的第一年内，化学活性防污涂料更有利于稳定机组的功率，但是随着时间的推移，该类涂料逐渐失效，机组功率会逐渐降低。而污损释放型防污涂料借助其自清洁和恢复性能，将机组功率逐步稳定在一个较小的变化区间（见图 5.20）。

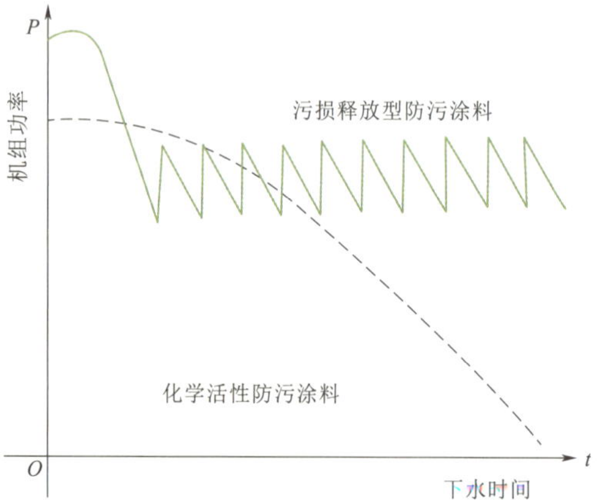

图 5.20　生物污染对不同涂层机组的效率影响曲线[92]

5.7.3　塔筒或支柱的影响

塔筒或支柱的几何形状以及与转子的距离也会影响潮流能机组的力学性能。研究表明，塔筒为圆柱形或水翼形时，机组的输出功率比方形塔筒的高约 20%，总推力降低

35%[93]。弗洛斯特（Frost）等[94] 通过研究发现，当把支柱从水轮机上游一个轮毂直径长度的位置移动到两个轮毂直径长度的位置时，机组的输出功率提高了 10%；当把支柱放在水轮机上游区时，机组输出功率比放在下游区时低 7%，功率波动会从 2.5% 增长到 30%，推力波动也从 1% 增长到 15%。

5.7.4 机组阵列

现阶段，潮流能机组多以单点形式布置在潮流能测试场中。但若要实现潮流能的商业化开发运营，则潮流能机组的大型阵列式布置是必然趋势。目前仅欧洲已建成的梅伊（MeyGen）项目采用了阵列式布置，其他多个类似项目还处于规划阶段，如苏格兰的艾拉海峡、北威尔士的安格尔西岛以及法国北部的布列塔尼地区的潮流能开发项目等。单点布置与阵列式布置的潮流能发电机组运行状态不同，阵列式布置方式会对机组的结构负载、空间使用率和输出效率等产生影响[95]。有研究表明，若同一个阵列内各潮流能机组距离过近，则相邻机组间会产生异常推力，导致机组瞬时输出功率和机械可靠性降低。虽然较紧密的阵列式布置可以降低海底电缆成本，但也减少了维修操作空间，增大结构阻力，同时会降低潮流流速，导致机组的输出功率减小。若相邻机组距离过远，则会使得占海面积过大，空间使用率降低，影响海洋生物，同时增加海底电缆成本，影响商业航运和渔业发展[96]。

迈尔斯（Myers）等[95] 进行了一系列模型实验研究，以确定潮流能机组阵列的最佳布置方式。结果表明，在垂直潮流的方向上，机组间距为 1.5 倍叶轮直径时是最优的。这种布置方式能防止两台机组尾迹的混合，以免产生过大的额外推力作用在机组上。为避免尾流影响阵列中的下游机组，同时充分利用上游机组产生的加速流，下游机组应布置在两个上游机组的中心线后方，且距离大于 3 倍叶轮直径（见图 5.21），这种布置方式可使下游机组的功率提高 22%。文奈尔（Vennell）[96] 针对潮流能机组的阵列布置方式开展了数

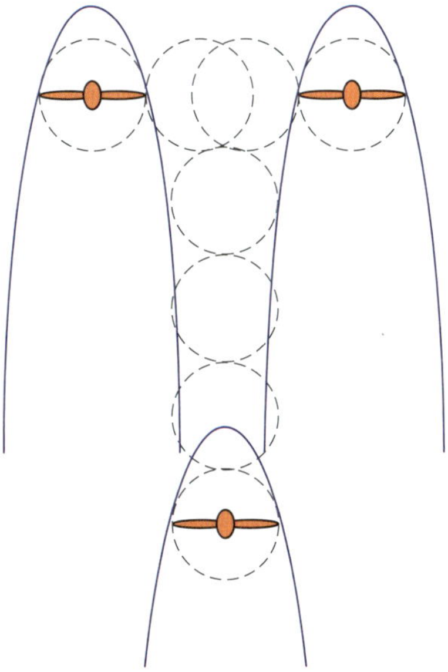

图 5.21 迈尔斯等[95] 提出的机组阵列布置方式

值模拟，结果显示合理的阵列布置方式可降低对潮流流速的影响，机组效率可超过59.3%的贝茨极限，但学术界对该研究结果还存在一定的争议。但需要注意的是，鉴于不同海域的地质和水深条件不同，最优阵列布置参数也会各不相同，这些问题有待进一步深入研究。

5.7.5 其他因素

机组利用率：主要考虑机组、输电线路检修耗时，故障停机以及运行维护不及时等因素降低机组利用率。

气候因素：主要考虑台风等造成的机组停机或故障。

机组功率曲线：考虑理论功率曲线与实际功率曲线之间的差异。

场内能量损耗：场内电力线路、设备以及陆上电缆等的电量损耗。

5.8 发展趋势

通过整理58个已实施的潮流能项目、近120台潮流能机组的相关资料，发现41个项目的70个机组的额定功率超过了100kW（见表5.2）。在这41个项目中，仅部署1台机组的项目超过一半，占比58.5%；部署2台机组的项目11个，占比26.8%；部署3台及以上机组的项目6个，占比14.6%。

表5.2 100kW及以上潮流能机组情况

研发公司	机型	数目（台）	安装地区	年份（年）	单机容量（MW）	机组形式	固定形式	叶片数（片）	变桨	偏航
AHH	HS1500	3	英国（苏格兰）	2017	1.5	水平轴	座底式	3	Y	Y
AHH	HS1000	1	英国（苏格兰）	2012	1	水平轴	座底式	3	Y	N
AHH	HS300	1	挪威	2004	0.3	水平轴	座底式	3	Y	
Alstom	DeepGen-1000	1	英国（苏格兰）	2013	1	水平轴	座底式	3	Y	N
Alstom	DeepGen-500	1	英国（苏格兰）	2010	0.5	水平轴	座底式	3	Y	Y
Flumill	Flumill	2	英国（苏格兰）	2011	0.3	螺旋叶	螺旋叶	1		
Hydra Tidal	Straum	4	挪威	2010	0.375	水平轴	漂浮平台	2	Y	N
HydroQuest	OceanQuest	4	法国	2019	0.25	垂直轴	座底式	3		
Jupiter Hydro	Jupiter Hydro	2	加拿大	2013	0.5	螺旋叶	螺旋叶	1		
Minesto	Deep Green 500	1	英国（其他）	2018	0.5	风筝	风筝式	3		
Minesto	Deep Green 100	1	丹麦	2020	0.1	风筝	风筝式	3		
MR	ATIR	2	英国（苏格兰）	2019	1	水平轴	漂浮平台	2	Y	N
MR	ATIR	2	英国（苏格兰）	2021	0.75	水平轴	漂浮平台	2	Y	N
MR	ATIR	2	英国（苏格兰）	2014	0.1	水平轴	漂浮平台	2	Y	N
Nautricity	CoRMaT	1	英国（苏格兰）	2018	0.5	水平轴	全潜漂浮	3	N	N
Nautricity	CoRMaT	1	英国（苏格兰）	2014	0.5	水平轴	全潜漂浮	3	N	N

续表

研发公司	机型	数目（台）	安装地区	年份（年）	单机容量（MW）	机组形式	固定形式	叶片数（片）	变桨	偏航
Nova Innovation	Nova 100	6	英国（苏格兰）	2016	0.1	水平轴	座底式	2	Y	N
Ocean Renewable Power	TidGen	4	美国	2012	0.15	横向水平轴	座底式	3		
OH	Open Centre	1	加拿大	2017	2	水平贯流	座底式	10	N	N
OH	Open Centre	2	法国	2017	2	水平贯流	座底式	10	N	N
OH	Open Centre	1	英国（苏格兰）	2008	0.25	水平贯流	桩柱式	16	N	N
OMP	Orbital O2	2	英国（苏格兰）	2021	1	水平轴	漂浮平台	2	N	N
OMP	SR1-2000	2	英国（苏格兰）	2016	1	水平轴	漂浮平台	2	N	N
OMP	SR250	2	英国（苏格兰）	2012	0.125	水平轴	漂浮平台	2	N	N
Sabella	D10	1	法国	2015	1	水平轴	座底式	6	N	N
SAE	AR1500	1	英国（苏格兰）	2017	1.5	水平轴	座底式	3	Y	Y
SAE	AR1000	1	英国（苏格兰）	2011	1	水平轴	座底式	3	N	Y
SAE	Sea Gen-S	2	英国（其他）	2009	0.6	水平轴	桩柱式	2	Y	N
SAE	AR500	1	日本	2021	0.5	水平轴	座底式	3		
SAE	AK1000	2	英国（苏格兰）	2011	0.5	水平轴	座底式	3	N	N
SAE	Solon	1	澳大利亚	2009	0.5	水平贯流	座底式	6	N	N
SAE	Nereus II	1	澳大利亚	2008	0.4	其他	桩柱式			
SAE	SeaFlow	1	英国（其他）	2003	0.3	水平轴	桩柱式	2	Y	N
SAE	Nereus I	1	澳大利亚	2008	0.15	其他	桩柱式			
SAE	Aquanator	1	澳大利亚	2006	0.1	其他	桩柱式			
SeaQurrent	TidalKite	1	荷兰	2021	0.5	风筝	风筝式	10		
The Engineering Business	Stingray	1	英国（苏格兰）	2002	0.15	振动翼型	座底式	1		
Tidal Eenergy-Pty	DHV-170KW	1	澳大利亚	2003	0.17	垂直轴	座底式	4		
Tidal Energy	Delta Stream	3	英国（其他）	2016	0.13	水平轴	座底式	3		
Tocardo	Tocardo T2	1	英国（苏格兰）	2017	0.25	水平轴	漂浮平台	2	Y	N
Voith Hydro	Hy-Tide	1	英国（苏格兰）	2013	1	水平轴	桩柱式	3		

在70个100kW及以上潮流能机组中，水平轴式有45台（占比64%），垂直轴式和水平贯流式各5台（各占比7%），螺旋叶式4台（占比6%），风筝式3台（占比4%）以及摆动翼式1台（占比2%）[见图5.22(a)]。其中，18台机组达到兆瓦级别且几乎全为水平轴式，占比25.7%。超过一半（52%）的机组在英国苏格兰地区测试或并网发电，约10%在英国其他区域测试；在法国、北欧以及北美地区安装的机组占比均为10%；在澳大利亚安装的机组占比7%；在日本安装的机组占比1%[见图5.22(b)]。从这些数据可以看出，当前潮流能资源开发项目主要采用水平轴式潮流能发电机组，英国苏格兰地

区是潮流能资源开发项目最集中的地区。

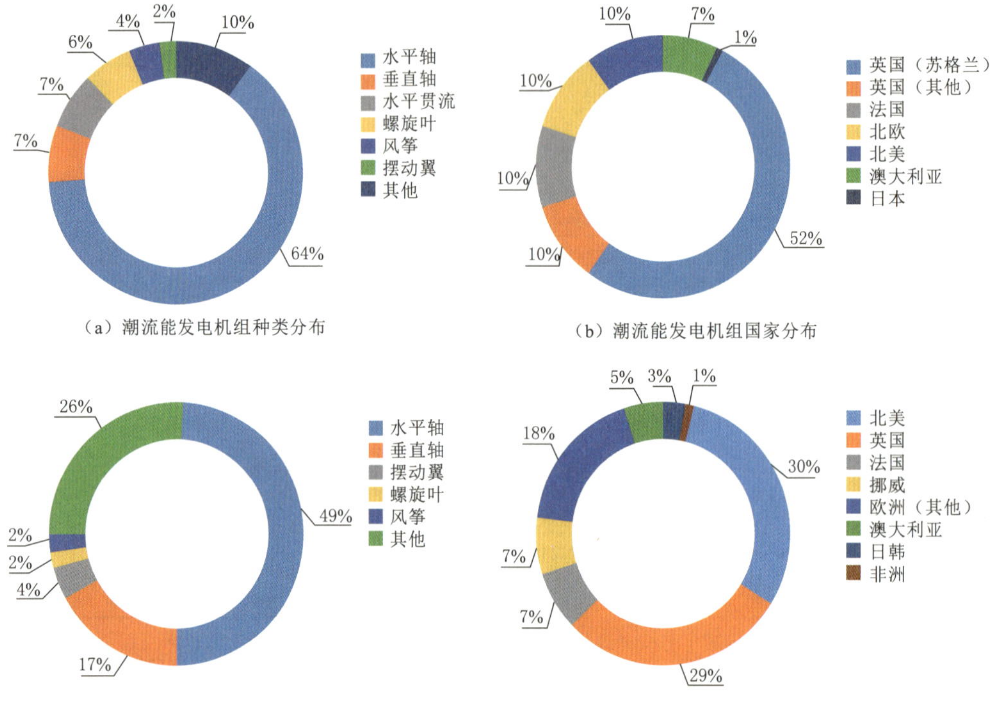

（a）潮流能发电机组种类分布　（b）潮流能发电机组国家分布

（c）潮流能发电机组公司分布　（d）潮流能发电机组公司国家分布

图 5.22　潮流能发电设备情况

从潮流能技术研发相关从业单位统计数据中也可以得出上述结论。据查阅，在 EMEC 官网上罗列的潮流能资源开发公司共 97 家。在这些公司中，研发水平轴式机组的 48 家，占比 49%；垂直轴式 16 家，占比 17%；摆动翼式 4 家，占比 4%；螺旋叶式和风筝式各 2 家，占比 2%；研制其他设备以及相关配套设施的 25 家，占比 26% [见图 5.22(c)]。这些公司所在地在北美的有 29 家，占比 30%；在英国的有 28 家，占比 29%；在法国和挪威的均为 7 家；在欧洲其他地区的有 17 家；在澳大利亚的有 5 家；在日本和韩国的有 3 家；在非洲国家的有 1 家 [见图 5.22(d)]。从这些统计数据可以看出，水平轴式是潮流能机组的主要形式，相关公司所在地在北美地区的占比很大。需要指出的是，很多所在地在澳洲、美洲以及欧洲的公司会把自己研制的潮流能设备安装在英国苏格兰地区进行测试，因此公司所在地并不能完整地反映各地的潮流能设备的测试、并网情况。

不同国家及地区的潮流能发电机组的数量分布见图 5.23(a)，其中安装在苏格兰地区的机组超过一半且在逐年增加。大部分机组是在位于奥克尼群岛的欧洲海洋能源中心（European Marine Energy Centre，EMEC）潮流能测试场安装的。相比英国，法国虽然起步较晚，但是得益于泰格（TIGER）项目的实施，近几年发展迅速且后续会有大量机组部署的计划。欧洲北部地区的挪威、荷兰以及丹麦等国也在持续推动潮流能技术的研发。世界上第一台并网发电的潮流能发电机组 HS300 便是在挪威芬马克郡克瓦尔松安装的。北美地区的潮流能机组研发虽然不及欧洲迅猛，但是也建成了加拿大芬迪海洋能源研究中心

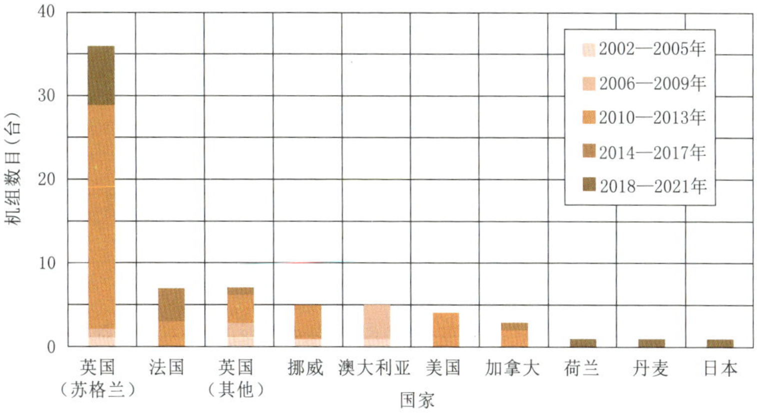

（a）不同国家及地区的潮流能发电机组的数量分布

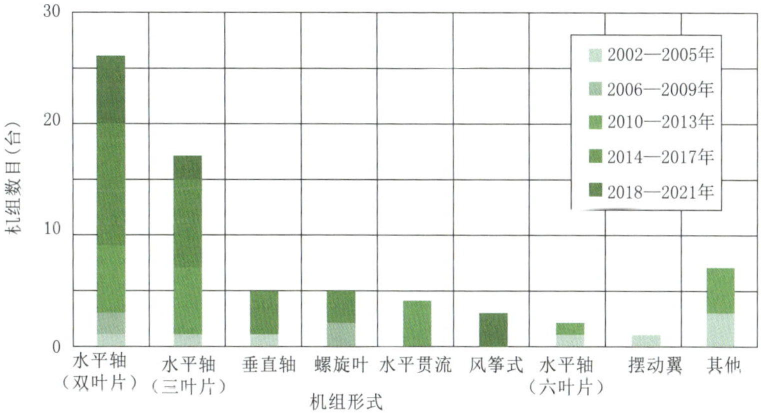

（b）不同类型的潮流能发电机组的数量分布

图 5.23 潮流能发电设备分布情况

(The Fundy Ocean Research Centre for Energy, FORCE)，能满足设备开发和测试的场地与技术需求。澳大利亚早期曾有多台机组测试并网的记录，但自 2009 年 SAE 公司把其测试场转移到苏格兰后，关于研发机组的记录便很少了。在亚洲，韩国虽然重视海洋清洁能源的开发，但是大型项目多以潮汐能为主，如 254MW 的始华湖潮汐能发电站（Sihwa Tidal Power Plant）以及在建的 50MW 的乌尔多莫克潮汐能发电站（Uldolmok Tidal Power Station）。

不同类型的潮流能发电机组的数量分布见图 5.23(b)。从中可以看出，在潮流能机组的整个研发进程中，水平轴式潮流能机组一直占据主导地位，且发展迅速。垂直轴式潮流能机组紧随其后，不过由于其设计效率相对较低，很难对水平轴式潮流能机组的统治地位构成威胁。螺旋叶式和摆动翼式的设计多出现在 2010 年之前。而风筝式则是近三年兴起的设计，虽然有成功并网发电的案例，但是距兆瓦级大型机组的应用还需一定时间。

潮流能发电机组功率年增长分布见图 5.24(a)。截至 2021 年底，超过 40MW 的机组完成了水下测试或并网发电。其中，2008—2016 年期间，机组累计功率稳步上升，并在 2017 年出现了明显增长，这是由于当时出现了大规模并网的项目（梅伊 1A 期项目），此

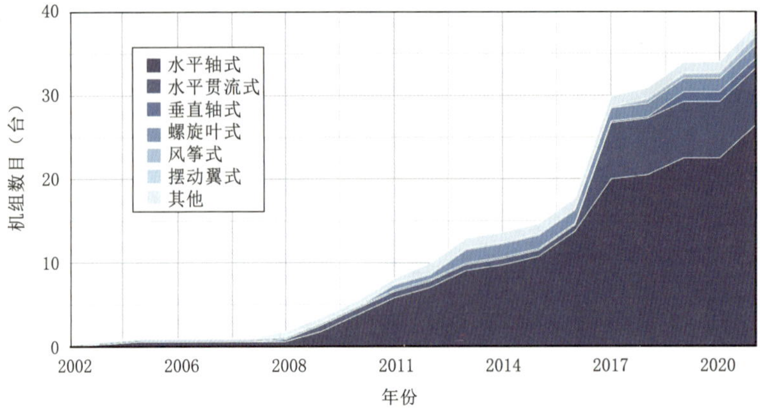

（a）潮流能发电机组功率年增长分布

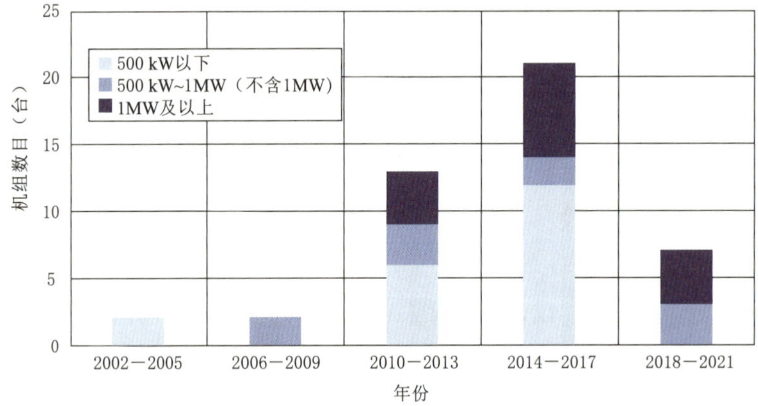

（b）水平轴式潮流能发电机组数量年增长分布

图 5.24　潮流能发电设备功率累计情况

后增长速度减缓。另外，垂直轴式潮流能发电机组虽然在研发数量上位列第二，并且也经过了十几年的发展，但累计功率没有太大增长，多是一些小功率的机组。

水平轴式潮流能发电机组数量年增长分布见图 5.24(b)。从整体上看，在 2018 年之前水平轴式潮流能机组的测试及并网数量增长迅速，几乎每三年增长一倍，此后速度放缓。其中，2005 年之前测试及并网的水平轴式潮流能机组功率多为 500kW 以下；2006 年开始出现 500kW 以上的机组；2010 年后出现了兆瓦级机组且数量增长迅速，截至 2021 年已有 18 台兆瓦级的机组完成了测试及并网。

水平轴式潮流能机组固定形式年份数量分布见图 5.25(a)。总体来看，在统计的 45 台机组中，座底式有 22 台，占比高达 48.9%；其次是漂浮式平台 17 台，占比 37.8%；桩柱式 4 台，占比 8.9%；全潜漂浮式 2 台，占比 4.4%。桩柱式多出现在 10 年以前，最后一台桩柱式机组 Hy-Tide 于 2013 年安装完成，之后未有新增；座底式一直稳定占据主要地位；第一台潮流能漂浮式平台莫里德二号（MORILD II）于 2010 年底测试，近年来漂浮式逐渐占据主要地位。

水平轴式潮流能机组固定形式年份百分比分布见图 5.25(b)，其中橙色为桩柱式，蓝色为座底式，绿色为漂浮式，颜色越浅代表机组叶片数量越少。固定形式最多的座底式机

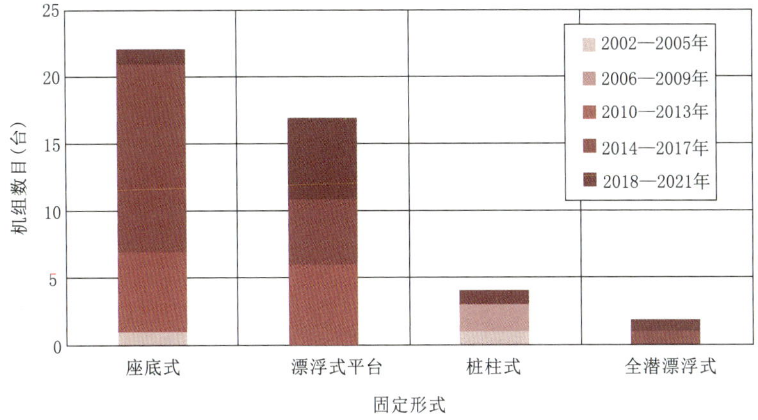

（a）水平轴式潮流能机组固定形式年份数量分布

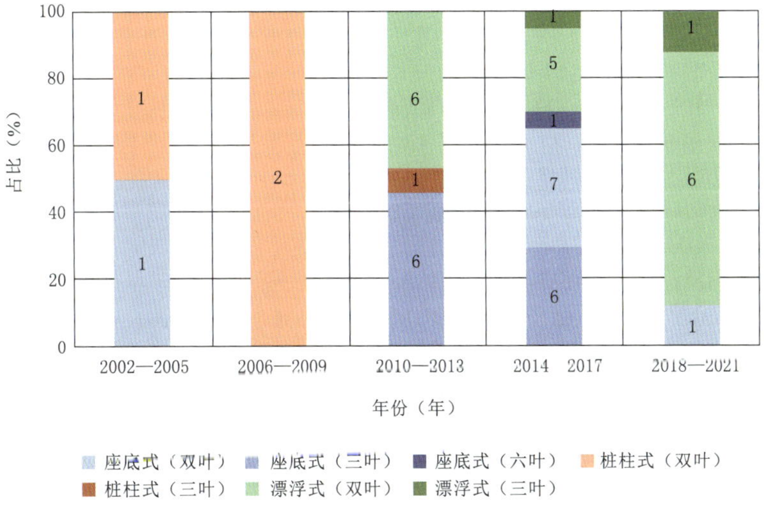

（b）水平轴式潮流能机组固定形式年份百分比分布

图 5.25　水平轴式潮流能发电设备固定方式年份分布

组多采用三叶片，漂浮式机组多采用双叶片。

总之，欧美国家（特别是英国的苏格兰地区）在潮流能资源开发和机组研发方面始终走在世界前列。经过多年探索，水平轴式潮流能发电机组是当前采用的主要机组形式且功率已达兆瓦级，尤其采用座底式以及漂浮式固定形式的水平轴式机组在成本或者运维便利程度上展现了自己的优势。

参　考　文　献

[1] ROBERTS A, THOMAS B, SEWELL P, et al. Current tidal power technologies and their suitability for applications in coastal and marine areas [J/OL]. Journal of Ocean Engineering and Marine Energy, 2016, 2: 227-245. DOI: https://doi.org/10.1007/s40722-016-0044-8.

[2] SELLAR BG, WAKELAM G, SUTHERLAND DRJ, et al. Characterisation of tidal flows at the European

Marine Energy Centre in the absence of ocean waves [J/OL]. Energies, 2018, 11 (1): 176. DOI: https://doi.org/10.3390/en11010176.

[3] NOVA INNOVATION. Turbine services [EB/OL]. 2021. https://www.novainnovation.com/services/turbine-services/.

[4] SAUER CR, MCENTEE J. TidGen © power system commercialization report DE-EE0003647-final technical report [R/OL]. Ocean Renewable Power Company, 2013. DOI: https://doi.org/10.2172/1115743.

[5] TETHYS. Kvalsund tidal turbine prototype [EB/OL]. https://tethys.pnnl.gov/project-sites/kvalsund-tidal-turbine-prototype.

[6] TIDAL ENERGY PTY. The Davidson-Hill advantage [EB/OL]. http://tidalenergy.com.au/.

[7] HYDROQUEST. Our projects OCEANQUEST, a unique prototype operating from April 2019 [EB/OL]. https://www.hydroquest.fr/en/oceanquest/.

[8] KIRKE B, LAZAUSKAS L. Limitations of fixed pitch darrieus hydrokinetic turbines and the challenge of variable pitch [J/OL]. Renewable Energy, 2011, 36 (3): 893-897. https://www.sciencedirect.com/science/article/pii/S0960148110003988. DOI: https://doi.org/10.1016/j.renene.2010.08.027.

[9] BAKER J. Features to aid or enable self starting of fixed pitch low solidity vertical axis wind turbines [M/OL] //HOLMES J, JACKSON P, MELBOURNE W. Wind Engineering 1983. Elsevier, 1984: 369-380. https://www.sciencedirect.com/science/article/pii/B9780444423429500484. DOI: https://doi.org/10.1016/B978-0-444-42342-9.50048-4.

[10] KIRKE B, LAZAUSKAS L. Variable pitch darrieus water turbines [J/OL]. Journal of Fluid Science and Technology, 2008, 3: 430-438. DOI: 10.1299/jfst.3.430.

[11] KHAN M, BHUYAN G, IQBAL M, et al. Hydrokinetic energy conversion systems and assessment of horizontal and vertical axis turbines for river and tidal applications: A technology status review [J/OL]. Applied Energy, 2009, 86 (10): 1823-1835. https://www.sciencedirect.com/science/article/pii/S0306261909000713. DOI: https://doi.org/10.1016/j.apenergy.2009.02.017.

[12] TETHYS ENGINEERING. SIMEC Atlantis Energy[EB/OL]. MRE Photo Library. https://tethys-engineering.pnnl.gov/photo-library?fbclid=IwAR1Yz4Pg8bpknSrkw61kEz5a6QNvbYvjuZqcJDjwWQao8xKWbMiKzv61fP4&tZechnology=All&search=&page=1.

[13] THE FUNDY OCEAN RESEARCH CENTRE FOR ENERGY. 2018 cape sharp tidal venture monitoring program update [R/OL]. 2018. https://fundyforce.ca/document-collection/2018-cape-sharp-tidal-venture-monitoring-program-update.

[14] AMIROUCHE E, GHEDAMSI K, AOUZELLAG D. Tidal power systems: A review [C/OL] //The Electrical Engineering International Conference. 2019. DOI: 10.6084/m9.figshare.14541687.

[15] SHUMKOV I. Emera abandons tidal power JV with OpenHydro [EB/OL]. https://renewablesnow.com/news/emera-abandons-tidal-power-jv-with-openhydro-623408/.

[16] BELLONI C, WILLDEN R, HOULSBY G T. Hydrodynamics of ducted and opencentre tidal turbines [D/OL]. 2013. https://eng.ox.ac.uk/media/8672/belloni.pdf.

[17] SHIVES M, CRAWFORD C. Overall efficiency of ducted tidal current turbines [C/OL] //2010: 1-6. DOI: 10.1109/OCEANS.2010.5664426.

[18] GADEN D L, BIBEAU E L. A numerical investigation into the effect of diffusers on the performance of hydro kinetic turbines using a validated momentum source turbine model [J/OL]. Renewable Energy, 2010, 35 (6): 1152-1158. https://www.sciencedirect.com/science/article/pii/S0960148109004996. DOI: https://doi.org/10.1016/j.renene.2009.11.023.

[19] EUROPEAN MARINE ENERGY CENTRE (EMEC). Open Hydro [EB/OL]. https://www.emec.org.uk/

about-us/our-tidal-clients/open-hydro/.
[20] TETHYS. OpenHydro at EMEC [EB/OL]. https://tethys. pnnl. gov/project-sites/openhydro-emec.
[21] TETHYS. Paimpol-Brehat Tidal Demonstration Project [EB/OL]. https://tethys. pnnl. gov/project-sites/paimpol-brehat-tidal-demonstration-project.
[22] MINESTO. The future of renewable energy [EB/OL]. https://www. minesto. com/our-technology.
[23] MINESTO. Faroe Islands - tidal energy to reach 100% renewable by 2030 [EB/OL]. https://www. minesto. com/projects/faroe-islands.
[24] MINESTO. Holyhead Deep - the world's first low-flow tidal stream project [EB/OL]. https://www. minesto. com/projects/holyhead-deep.
[25] SEAQURRENT. SeaQurrent successfully concluded testing a 1:10 scale model in the Dutch Waddenzee [EB/OL]. https://seaqurrent. com/seaqurrent-successfully-concluded-testing-a-110-scale-model-in-the-dutch-waddenzee/.
[26] SEAQURRENT. Press release-Realisation TidalKite test site at Ameland [EB/OL]. https://seaqurrent. com/press-release-realisation-tidalkite-test-site-at-ameland/.
[27] 赵龙武，王树杰，李冬．国内外潮流能利用技术现状与发展［C］．第二届全国海洋能学术研讨会论文集，2009：160-169.
[28] TETHYS. Yell Sound [EB/OL]. https://tethys. pnnl. gov/project-sites/yell-sound.
[29] ROURKE F O, BOYLE F, REYNOLDS A. Marine current energy devices: Current status and possible future applications in Ireland [J/OL]. Renewable and Sustainable Energy Reviews, 2010, 14 (3): 1026-1036. https://www. sciencedirect. com/science/arti cle/pii/S1364032109002743. DOI: https://doi. org/10. 1016/j. rser. 2009. 11. 012.
[30] EUROPEAN MARINE ENERGY CENTRE (EMEC). Flumill [EB/OL]. https://www. emec. org. uk/about-us/our-tidal-clients/flumill/.
[31] JUPITER HYDRO INC. Energy that doesn't cost the earth [EB/OL]. https://jupiterhydro. com/.
[32] TETHYS ENGINEERING. Jupiter Hydro [EB/OL]. MRE Photo Library. https://tethys-engineering. pnnl. gov/photo-library? fbclid=IwAR1Yz4Pg8bpknSrkw61kEz5a6QNvbYvjuZqcJDjwWQao8x KWbMiKzv61fP4
[33] LAMPMAN G. Roosevelt island tidal energy (RITE) environmental assessment project final report [J/OL]. New York State Energy Research and Development Authority, 2011. https://www. nyserda. ny. gov/-/media/Files/Publications/Research/Environmental/roosevelt-island-tidal-energy. pdf.
[34] SIMEC ATLANTIS ENERGY. SeaGen-S 2MW [R/OL]. https://atlantisresourcesltd. com/wp/wp-content/uploads/2016/08/SeaGen-Brochure. pdf.
[35] WANI F, POLINDER H. A Review of Tidal Current Turbine Technology: Present and Future [J/OL]. 2020. DOI: 10. 13140/RG. 2. 2. 26857. 44640.
[36] TETHYS. Race Rocks tidal energy project [EB/OL]. https://tethys. pnnl. gov/project-sites/race-rocks-tidal-energy-project.
[37] VERDANT POWER. Initial consultation document for the Roosevelt island tidal energy project [R/OL]. Federal Energy Regulatory Commission (FERC NO. 12178), 2003. https://tethys. pnnl. gov/sites/default/files/publications/Initial_ Consultation_ Document_ for_ the_ RITE_ Project. pdf.
[38] SIMEC ATLANTIS ENERGY. AR1500 tidal turbine [R/OL]. https://simecatlantis. com/wp-content/uploads/2016/08/AR1500-Brochure-Final-1. pdf.
[39] ANDRITZ HYDRO HAMMERFEST. ANDRITZ Hydro Hammerfest Renewable energy from tidal currents [R/OL]. 2017. https://www. andritz. com/resource/blob/31444/cf15d27bc23fd59db125229506ec87c7/ hy-hammerfest-data. pdf.
[40] TETHYS ENGINEERING. Sabella [EB/OL]. MRE Photo Library. https://tethys-engineering. pnnl. gov/

photo- library? fbclid=IwAR1Yz4Pg8bpknSrkw61kEz5a6QNvbYvjuZqcJDjwWQao8xKWb-MiKzv 61fP4&technology =All&search=&page=1.

[41] NOVA INNOVATION. Products [EB/OL]. https://www.novainnovation.com/.

[42] Borg MG, Xiao Q, Allsop S, Incecik A, Peyrard C. A Numerical Swallowing-Capacity Analysis of a Vacant, Cylindrical, Bi-Directional Tidal Turbine Duct in Aligned & Yawed Flow Conditions [J/OL]. Journal of Marine Science and Engineering, 2021, 9 (2): 182. DOI: https://doi.org/10.3390/jmse9020182.

[43] TETHYS ENGINEERING. Verdent Power[EB/OL]. MRE Photo Library. https://tethys-engineering.pnnl.gov/photo-library? fbclid=IwAR1Yz4Pg8bpknSrkw61kEz5a6QNvbYvjuZqcJDjwWQao8x KWbMiKzv61fP4&technology=All&search=&page=1.

[44] TIDAL GENERATION. ReDAPT: Turbine deployments and achievements in operation [EB/OL]. https://ukerc8.dl.ac.uk/ETI/PUBLICATIONS/MRN_ MA1001_ 31.pdf.

[45] SABELLA. Ushant showcase of tidal energy worldwide [EB/OL]. https://www.sabella.bzh/sites/default/files/upload/plaquettes/leaflet_ d10_ -_ 12_ pages.pdf.

[46] DEANS D. Failed Ramsey Sound tidal energy scheme faulty for months [EB/OL]. 2016. https://www.bbc.com/news/uk-wales-politics-38236014.

[47] ORBITAL MARINE POWER. Orbital Marine Power Orbital O2. 2 Tidal Turbine Project Information Document [R/OL]. 2021. https://marine.gov.scot/sites/default/files/project_information_document.pdf.

[48] TETHYS ENGINEERING. Orbital Marine Power [EB/OL]. MRE Photo Library. https://tethys-engineering.pnnl.gov/photo-library? fbclid=IwAR1Yz4Pg8bpknSrkw61kEz5a6QNvbYvjuZqcJDjwWQao8x KWbMiKzv61fP4.

[49] MAGALLANES RENOVABLES. Magallanes ATIR Project Environmental Monitoring Plan February 2020 [R/OL]. European Marine Energy Centre (EMEC), 2020. http://www.marine.gov.scot/sites/default/files/project_ information_ summary1.pdf.

[50] SUSTAINABLE MARINE ENERGY. Grand Passage, Nova Scotia, Canada [EB/OL]. https://www.sustainablemarine.com/grand-passage.

[51] MCGLYNN J. River hydrokinetic energy overview [EB/OL]. ESMAP training program IFC 17th, 2014. https://www.esmap.org/sites/esmap.org/files/DocumentLibrary/John_ IFC%20RHK%20Training%20Presentation_ June%202014_ JMG_ FINAL.pdf.

[52] TETHYS. IMORILD II Tidal Power Plant [EB/OL]. https://tethys.pnnl.gov/project-sites/morild-ii-tidal-power-plant.

[53] TETHYS. Tocardo InToTidal at EMEC [EB/OL]. https://tethys.pnnl.gov/project-sites/tocardo-into-tidal-emec.

[54] PORTER K, ORDONEZ-SANCHEZ S, JOHNSTONE C, et al. Integration of a direct drive contra-rotating generator with point absorber wave energy converters [C] //12th European Wave and Tidal Energy. 2017. https://www.researchgate.net/publication/326985705_Integration_of_a_Direct_Drive_Contra-Rotating_Generator_with_Point_Absorber_Wave_Energy_Converters.

[55] RENEWABLE ENERGY UK. TidEl Tidal Turbines [EB/OL]. http://www.reuk.co.uk/wordpress/tidal/tidel-tidal-turbines/.

[56] TETHYS. Nautricity at EEMEC [EB/OL]. https://tethys.pnnl.gov/project-sites/nautricity-emec.

[57] LIGHTHILL M. A new method of two dimensional aerodynamic design [R]. Report of Ministry of Supply London, Aeronautical Research Council, 2012, 2112.

[58] CHEN C C, CHOI Y D, YOON H Y. Blade design and performance analysis on the horizontal axis tidal current turbine for low water level channel [C/OL] //6th International Conference on Pumps and Fans with

Compressors and Wind Turbines. 2013. https：//www. researchgate. net/publication/261016038_Blade_design_and_performance_analysis_on_the_horizontal_axis_tidal_current_turbine_for_low_water_level_channel/fulltext/56e6fdd108ae4c354b1a5186/261016038_Blade_design_and_performance_analysis_on_the_horizontal_axis_tidal_current_turbine_for_low_water_level_channel. pdf? origin = publication_detail. DOI：http://iopscience. iop. org/1757-899X/52/5/052020.

[59] MALKI R, WILLIAMS A, CROFT T, et al. A coupled blade element momentum computational fluid dynamics model for evaluating tidal stream turbine performance [J/OL]. Applied Mathematical Modelling, 2013, 37 (5)：3006 – 3020. https：//www. sciencedirect. com/science/article/pii/S0307904X12004374. DOI：https：//doi. org/10. 1016/j. apm. 2012. 07. 025.

[60] BATTEN W, BAHAJ A, MOLLAND A, et al. Experimentally validated numerical method for the hydrodynamic design of horizontal axis tidal turbines [J/OL]. Ocean Engineering, 2007, 34 (7)：1013 – 1020. https：//www. sciencedirect. com/science/article/pii/S0029801806001843. DOI： https：//doi. org/10. 1016/j. oceaneng. 2006. 04. 008.

[61] NACHTANE M, TARFAOUI M, GODA I, et al. A review on the technologies, design considerations and numerical models of tidal current turbines [J/OL]. Renewable Energy, 2020, 157：1274 – 1288. https：//www. sciencedirect. com/science/article/pii/S0960148120306935. DOI： https：//doi. org/10. 1016/j. renene. 2020. 04. 155.

[62] FRAENKEL P. Practical tidal turbine design considerations：a review of technical alternatives and key design decisions leading to the development of the SeaGen 1. 2MW tidal turbine [C] //Fluid Machinery Group-Ocean Power Fluid Machinery Seminar. 2010：1 – 19.

[63] ALY H H. Dynamic modeling and control of the tidal current turbine using DFIG and DDPMSG for power system stability analysis [J/OL]. International Journal of Electrical Power and Energy Systems, 2016, 83：525 – 540. https：//www. sciencedirect. com/science/article/pii/S014206151630583X. DOI：https：//doi. org/10. 1016/j. ijepes. 2016. 03. 055.

[64] TOCARDO. History of Tocardo [EB/OL]. 2016. https：//www. tocardo. com/about/history/.

[65] SHARKH S, MORRIS D, TURNOCK S, et al. Performance of an integrated water turbine PM generator [C/OL] //2002 International Conference on Power Electronics, Machines and Drives. 2002：486 – 491. DOI：10. 1049/cp：20020165.

[66] HARNOY. Bearing design in machinery：Engineering tribology and lubrication [J]. Tribology and Lubrication Technology, 2002 (6)：88.

[67] DJEBARRI S, CHARPENTIER J F, SCUILLER F, et al. Rough design of a doublestator axial flux permanent magnet generator for a rim-driven marine current turbine [C/OL] //2012 IEEE International Symposium on Industrial Electronics. 2012：1450-1455. DOI：10. 1109/ISIE. 2012. 6237305.

[68] DROUEN L, CHARPENTIER J F, SEMAIL E, et al. Study of an innovative electrical machine fitted to marine current turbines [C/OL] //OCEANS 2007 – Europe. 2007：1 – 6. DOI：10. 1109/OCEANSE. 2007. 4302284.

[69] WANI F, DONG J, POLINDER H. Tidal turbine generators [M/OL] //EBRAHIMIA. Advances in Modelling and Control of Wind and Hydrogenerators. London：IntechOpen, 2020. DOI：10. 5772/intechopen. 90433.

[70] JOHNSTONE C M. Tidal energy：Technology developments [EB/OL]. 2017. http：//www. mria. ie/site/assets/files/1098/2_ 1_ nautricity_ mria_ 2017. pptx.

[71] BAKER N, HODGE E, CAWTHORNE S, et al. Modelling of the generator for Open-Hydro' s tidal energy system [C/OL] //7th IET International Conference on Power Electronics, Machines and Drives (PEMD2014)：volume 2014. 2014：4. 3. 03-4. 3. 03. DOI：10. 1049/cp. 2014. 0386.

[72] HOLSTEIN B, PERNER N. Submersible power generating plant, driven by a water flow [P]. 2013.

[73] PIANO M, NEILL S, LEWIS M, et al. Tidal stream resource assessment uncertainty due to flow asymmetry and turbine yaw misalignment [J/OL]. Renewable Energy, 2017, 114: 1363 - 1375. https://www.sciencedirect.com/science/article/pii/S0960148117304081. DOI: https://doi.org/10.1016/j.renene.2017.05.023.

[74] KO J H, KIM J, PARK H C, et al. Experimental study on new active yaw controller of scale models of tidal current turbines [C] //International Ocean and Polar Engineering Conference. 2015.

[75] BAI X, AVITAL E, MUNJIZA A, et al. Numerical simulation of a marine current turbine in free surface flow [J/OL]. Renewable Energy, 2014, 63: 715-723. https://www.sciencedirect.com/science/article/pii/S0960148113005211. DOI: https://doi.org/10.1016/j.renene.2013.09.042.

[76] GUO X, YANG J, GAO Z, et al. The surface wave effects on the performance and the loading of a tidal turbine [J/OL]. Ocean Engineering, 2018, 156: 120-134. https://www.sciencedirect.com/science/article/pii/S0029801818301823. DOI: https://doi.org/10.1016/j.oceaneng.2018.02.033.

[77] KUMAR A, SHANKAR G. Quasi-oppositional harmony search algorithm based optimal dynamic load frequency control of a hybrid tidal - diesel power generation system [J/OL]. IET Generation, Transmission and Distribution, 2018, 12: 1099 - 1108. https://ietresearch.onlinelibrary.wiley.com/doi/10.1049/iet-gtd.2017.1115. DOI: https://doi.org/10.1049/iet-gtd.2017.1115.

[78] SHAH K S, ZHANG L. Comprehensive study on variable pitch vertical axis tidal turbine [J/OL]. Applied Mechanics and Materials, 2012, 229 - 231: 778 - 782. https://www.scientific.net/AMM.229 - 231.778. DOI: https://doi.org/10.4028/www.scientific.net/AMM.229-231.778.

[79] MACENRI J, REED M, THIRINGER T. Influence of tidal parameters on SeaGen flicker performance [J/OL]. Philosophical Transactions. Series A, Mathematical, Physical, and Engineering sciences, 2013, 371: 20120247. DOI: 10.1098/rsta.2012.0247.

[80] PAYNE G S, KIPRAKIS A E, EHSAN M, et al. Efficiency and dynamic performance of digital displacement hydraulic transmission in tidal current energy converters [J/OL]. In: Proceedings of the Institution of Mechanical Engineers, Part A: Journal of Power and Energy, 2007, 221 (2): 207-218. https://doi.org/10.1243/09576509JPE298.

[81] EUROPEAN MARINE ENERGY CENTRE (EMEC). Assessment of tidal energy resource-marine renewable energy guides [R/OL]. 2009. https://www.emec.org.uk/assessment - of - tidal - energy - resource/.

[82] WANG D, ATLAR M, SAMPSON R. An experimental investigation on cavitation, noise, and slipstream characteristics of ocean stream turbines [J/OL]. In: Proceedings of the Institution of Mechanical Engineers, Part A: Journal of Power and Energy, 2007, 221 (2): 219 - 231. https://doi.org/10.1243/09576509JPE310.

[83] BAHAJ A, MOLLAND A, CHAPLIN J, et al. Power and thrust measurements of marine current turbines under various hydrodynamic flow conditions in a cavitation tunnel and a towing tank [J/OL]. Renewable Energy, 2007, 32 (3): 407-426. https://www.sciencedirect.com/science/article/pii/S0960148106000516. DOI: https://doi.org/10.1016/j.renene.2006.01.012.

[84] NICHOLLS-LEE R F, TURNOCK S R. Enhancing performance of a horizontal axis tidal turbine using adaptive blades [C/OL]//IEEE OCEANS 2007-Europe. 2007: 1-6. DOI: 10.1109/OCEANSE. 2007.4302437.

[85] LIU J, HE Q, CHEN H, et al. Review on marine antifouling coatings [J/OL]. Corrosion Science and Protetion Technology, 2014: 483-488. DOI: https://doi.org/10.11902/1005.4537.2014.020.

[86] EVANS S, LEKSONO T, MCKINNELL P. Tributyltin pollution: A diminishing problem following legislation limiting the use of TBT-based anti-fouling paints [J/OL]. Marine Pollution Bulletin, 1995, 30: 14-

21. DOI: 10.1016/0025-326X (94) 00181-8.

[87] XU Z, OUYANG Q, YI D. Antifouling method of marine fouling organisms—a review [J/OL]. Corrosion Science and Protetion Technology, 2012, 24 (3): 192 - 197. DOI: https://doi.org/10.11902/1005.4537.2014.020.

[88] BRADY R, SINGER I. Mechanical factors favoring release from fouling release coatings [J/OL]. Biofouling, 2000, 15: 73-81. DOI: 10.1080/08927010009386299.

[89] BRADY R. A fracture mechanical analysis of fouling release from nontoxic antifouling coatings [J/OL]. Progress in Organic Coatings, 2001, 43: 188-192. DOI: 10.1016/S0300-9440 (01) 00180-1.

[90] LEJARS M, MARGAILLAN A, BRESSY C. Fouling release coatings: A nontoxic alternative to biocidal antifouling coatings [J]. Chemical Reviews, 2012, 112 (8): 4347-90.

[91] LIU J, SHEN Y, LAI X. Synthesis and properties of waterborne polyurethane adhesive modified by acrylic ester [J]. Chemical Industry and Engineering Progress, 2010, 29 (4): 699-703.

[92] YEBRA D M, RASMUSSEN S N, WEINELL C, et al. Marine fouling and corrosion protection for off-shore ocean energy setups [C] //3rd International Conference on Ocean Energy. 2010.

[93] HARRIES T. Physical testing and numerical modelling of a novel vertical-axis tidal stream turbine [D]. 2014.

[94] FROST C, EVANS P, MORRIS C, et al. The effect of axial flow misalignment on tidal turbine performance [C/OL] //1st International Conference on Renewable Energies Offshore. 2014. DOI: 10.13140/RG.2.1.1214.7688.

[95] MYERS L, BAHAJ A. An experimental investigation simulating flow effects in first generation marine current energy converter arrays [J/OL]. Renewable Energy, 2012, 37 (1): 28 - 36. https://www.sciencedirect.com/science/article/pii/S0960148111001716. DOI: https://doi.org/10.1016/j.renene. 2011.03.043.

[96] VENNELL R. The energetics of large tidal turbine arrays [J/OL]. Renewable Energy, 2012, 48: 210-219. https://www.sciencedirect.com/science/article/pii/S0960148112002595. DOI: https://doi.org/10.1016/j.renene.2012.04.018.

第 6 章 全球主要国家潮流能开发相关政策

从政策细分角度来看，可再生能源政策可以归纳为政策导向、法律法规、能源配额和固定（差异）电价制度、税收鼓励、财政补贴、可再生能源基金支持等。但是从宏观角度来看，它们之间有部分内容相互渗透，不能完全区分，如《英国可再生能源法》是对可再生能源进行保护的根本法律，同时通过建立“绿证”制度补贴了可再生能源电价。本章将各国关于可再生能源的政策总结为国家战略和经济激励两个层面。

6.1 中国

海洋可再生能源（简称海洋能）是可再生能源的重要组成部分。为提高海洋能开发利用能力，推进海洋能技术产业化，拓展蓝色经济空间，我国相继出台了一系列鼓励政策，极大地促进了海洋可再生能源的发展。

在国家战略层面，《中华人民共和国可再生能源法》[1] 和 2009 年 12 月通过的《中华人民共和国可再生能源法（修正案）》是关于可再生能源的总体性制度。2012 年我国首次将海洋能纳入“五年规划”，将发展海洋能产业提升到国家战略层面。此后，国家海洋局等部门陆续出台了多份目标性文件（见表 6.1），规划了我国海洋能产业的发展方向[2]。

表 6.1 中国海洋能目标性文件

颁布时间	目标性文件名称	涉及海洋可再生能源发展目标的内容
2013 年	《国家海洋事业发展“十二五”规划》	规划了我国海洋能产业在 2015—2020 年间的发展目标和宏观途径
2013 年	《海洋可再生能源发展纲要（2013—2016 年）》	概述了我国海洋能发展现状和需求，确立了指导思想、基本原则和发展目标，部署了相应的重点任务
2015 年	《可再生能源技术发展项目（2016—2020 年）》	要求开展海洋能技术的基础性研究和关键技术的研发和示范工作
2015 年	《可再生能源发展规划（2016—2020 年）》	强调提高海洋能技术就绪指数以及加快海洋能在偏远海岛的应用

续表

颁布时间	目标性文件名称	涉及海洋可再生能源发展目标的内容
2017 年	《海洋可再生能源发展“十三五”规划》	强调大力发展海洋能装备，推动生产项目落地
2021 年	《“十四五”可再生能源发展规划》	“十四五”将大力推动新能源和可再生能源高比例、高质量发展

2010 年版《中华人民共和国可再生能源法》首次提出可再生能源电力的全额保障性收购制度，要求电网企业根据国家确定的上网标杆电价和保障性收购利用小时数，全额收购规划范围内的可再生能源发电项目的上网电量。国务院办公厅发布的《能源发展战略行动计划（2014—2020 年）》[3] 提到按照输出与就地消纳利用并重、集中式与分布式发展并举的原则，加快发展可再生能源，到 2020 年，非化石能源占一次能源消费比重达到 15%。坚持统筹兼顾、因地制宜、多元发展的方针，有序开展地热能、海洋能资源普查，制定生物质能和地热能开发利用规划，积极推动地热能、生物质能和海洋能清洁高效利用，推广生物质能和地热供热，开展地热发电和海洋能发电示范工程。

2015 年国家发展和改革委员会能源局起草了《可再生能源发电全额保障性收购管理办法（征求意见稿）》[4]，进一步将该制度落实到海洋能发电项目的操作层面，提出海洋能发电保障性收购年利用小时数应根据可行性研究报告评审意见核定的利用小时数确定。早在 2006 年，国家发展和改革委员会即印发了《可再生能源发电价格和费用分摊管理试行办法》[5]，规定我国对海洋能发电实行固定电价制度。具体电价由地方政府根据实际情况，按照合理成本加合理利润的原则制定，经国务院批准后由当地海洋能发电站实施。

2017 年国家海洋局发布了《海洋可再生能源发展“十三五”规划》[6]，提出的重点任务为：推进海洋能工程化应用；积极利用海岛可再生能源；实施海洋能科技创新发展，夯实海洋能发展基础；加强海洋能开放合作发展。为贯彻落实党的十九大关于“坚持陆海统筹，加快建设海洋强国”重大决策部署，2018 年国家发展和改革委员会按照“十三五”规划，在山东、上海、福建等地支持设立了 14 个海洋经济发展示范区，聚焦海洋新能源、高端装备、海洋牧场等拥有巨大潜力的海洋经济增长点[7]。在省级政策层面，地方政府陆续出台了相关政策支持新能源发展，各沿海省份“十四五”规划中均提及大力发展海洋经济与海洋清洁能源（见表 6.2）[8-11]。

表 6.2　沿海省份“十四五”规划中涉及海洋能的相关内容

地　区	内 容 概 要
浙江	加快建设海洋中心城市，深化浙江海洋经济发展示范区和舟山群岛新区 20 版建设。启动实施生态海岸带工程，加快构建海洋经济辐射联动带和省际腹地拓展延伸带。到 2025 年底，可再生能源装机超过 5000 万 kW，装机占比达到 36% 以上
江苏	沿海地区深化港产城融合发展，着力提升海洋经济。优先发展海洋高端装备，大力发展海洋交通运输和高技术高附加值船舶制造。推动海洋绿色牧场建设，有序发展远洋海业，打造一批高标准农产品、水产品生产加工基地。培育国家级海洋研究机构，支持建设海洋产业创新研究院和海洋技术产权交易平台，以江苏海洋大学等高校为依托成立涉海产学研合作联盟

续表

地　区	内　容　概　要
山东	实现海洋强省建设重大突破，海洋科技创新能力显著提升，海洋生态文明建设取得明显成效，成为国际领先的海洋经济创新引领区。建设完善的现代海洋产业体系。推动海洋高端装备制造核心设备自主化，打造世界领先的海洋工程装备制造基地。建设中国科学院海洋大科学研究中心、国家深海基地、国家浅海综合试验场，支持“梦想号”大洋钻探船建设。在“透明海洋”“蓝色生命”等领域牵头实施国家重大科技工程
上海	提升全球海洋中心城市能级，发展海洋经济，服务海洋强国战略。结合上海产业基础和技术布局，针对一批代表技术发展和产业升级方向、尚存在一定不可预见性的重要领域开展重点科技攻关
天津	重点打造海洋工程装备制造产业链，加快建设海洋油气装备基地，着力构建海洋油气装备制造体系，建成国内海洋工程装备制造领航区
福建	大力建设“海上福建”，推动现代化港口群、海洋产业集聚区、高端临海产业基地和海洋生态保护区建设，加快发展现代化湾区经济。支持福州、厦门加快建设国家海洋经济发展示范区，争创国际特色海洋中心城市。培育壮大海洋高新产业，发展海洋工程装备、海洋生物科技、海洋可再生能源、海水综合利用、海洋环保、海洋信息服务等产业。支持自然资源部第三海洋研究所、海岛研究中心等科研平台建设，加快海洋科技成果产业化
海南	加快推动海洋经济产业数字化转型，到 2025 年，海洋生产总值占全省比重达 35% 以上。高起点推进现代化海洋牧场建设，培育壮大深海科技、海洋可再生能源、海洋智能装备制造等新兴海洋产业。深入推进陵水等国家级海洋经济发展示范区建设
吉林	搭建吉、浙两地人才信息共享交流平台，合作共建珲春海洋经济发展示范区。支持珲春市加快建设海洋经济发展示范区，推进海洋工程装备制造、海洋工程装备建材等项目建设

在经济激励性方面[12]，2010 年 5 月，我国设立海洋可再生能源专项资金，支持海洋能技术研究。此后，我国陆续出台《海洋可再生能源专项资金管理暂行办法》（暂行）、《2013 年海洋可再生能源专项资金项目申报指南》等文件指导专项资金的使用。资金对海洋能独立电力系统示范、海洋能并网电力系统示范、海洋能产业化示范、海洋能技术研究与试验、海洋能标准及支撑服务体系等 5 个方向进行支持，充分发挥了中央财政资金在支持国家产业结构调整、培育战略性新兴产业、保障国家能源安全、探索能源结构调整等方面的引导作用，有力地促进了中国海洋能开发利用整体水平的显著提升。2013 年颁布的《分布式发电管理暂行办法》明确对符合条件的海洋能发电项目提供建设资金补贴或单位发电补贴。此外，新建海洋潮汐能、潮流能和海岛海洋能发电站等每 1kW 装机量获得补助 5 万元，总资助额可达项目总投资的 40%。基于《中华人民共和国可再生能源法》第二十五条的规定，列入国家可再生能源产业发展目录并符合信贷条件的海洋能利用项目可以获得金融机构提供的带有财政贴息的优惠贷款，并较化石燃料发电项目优先获得国家开发银行提供的基本建设贷款。我国对潮汐能、波浪能发电关键设备或全套设备免征进口关税；对从事海洋能高新技术的企业减免 15% 的企业所得税；为国家重点扶持的海洋可再生能源项目提供创业投资的企业有权以一定比例的投资额抵消部分应缴纳的企业所得税。

在海洋能标准化与公共服务平台建设方面，为推动海洋能开发利用技术和产业化的有序、协调发展，“十二五”期间，先后编制了 HY/T 045—1999《海洋能源术语》、HY/T 181—2015《海洋能开发利用标准体系》、GB/T 37551—2019《海洋能 波浪能、潮流能和其他水流能转换装置术语》等多个标准，初步建立了我国海洋能开发利用技术标准体系。2011 年全国海洋标准化技术委员会海洋调查观测监测分技术委员会（TC283/SC2）成立，秘书处设在国家海洋技术中心；2013 年中国海洋工程咨询协会海洋可再生能源分会成立，秘书处设在国家海洋技术中心；2014 年全国海洋能转换设备标准化技术委员会（SAC/TC546）成立，秘书处设在哈尔滨大电机研究所，这标志着海洋能行业组织具备一定规模。2021 年 7 月国家标准 GB/T 39569—2020《潮流能资源评估及特征描述》和 GB/T 39571—2020《波浪能资源评估及特征描述》正式实施。

在国家政策的大力支持下，近几年潮流能资源开发速度较快。2016 年 LHD 林东模块化大型海洋潮流能发电机组总成平台在浙江舟山下海，同年 7 月首期 1MW 机组在舟山顺利并入国家电网。

6.2 美国

美国历来将能源安全作为其重要的国家战略，近年随着传统能源价格不断攀升，加上经济危机带来的挑战，美国的能源政策逐渐倾向具有巨大前景的可再生能源。从 2008 年开始，美国政府积极倡导新能源发展，并将可再生能源上升到国家安全的高度[13]。海洋可再生能源作为一种储量巨大、开发前景广阔的新能源，可为美国沿海经济带提供一条低碳经济的发展之路。

在国家战略目标层面，美国可再生能源联盟于 2010 年发布了《美国海洋和水动力可再生能源技术路线图》（U. S. Ocean and Hydrodynamic Renewable Energy Technology Roadmap）[14]，该路线图给出了 2030 年美国海洋可再生能源发展目标，即 2015 年海洋装机容量达到 5MW，2015—2020 年装机容量向 50MW 进发，2025 年达到 100GW。2013 年美国出台了《海洋和水动力能源法案》，旨在促进海洋能技术的研发，同年发布的《可再生能源电力法案》规定了海洋能电力标准。2017 年美国能源部水力技术办公室第二次提出修改《国家海洋和水动力战略》（National Oceanic and Hydrodynamic Strategy）[15]草案，这个战略每 4~5 年更新一次，可以及时反馈行业面临的研究需求及挑战。目前该草案主要包括目标、核心任务、关键性挑战和应对挑战的解决方案等部分。其中，目标设定为“从海洋和河流资源获取动力，扩大国家能源组合，实现美国海洋和水力产业化发展”。此外，该草案还提出了海洋可再生能源产业面临的挑战，即海洋能转换装置设计面临的复杂工程问题；恶劣海洋环境对海洋可再生能源系统部署和运行的影响；技术和市场信息滞后等。

2017 年美国国会的一项法案建议海洋能源法重新授权美国能源部开展海洋可再生能源项目研究，并向国家海洋可再生能源研究中心等研究机构提供资金。美国政府一直重视海洋能利用，明确了国家海洋与大气局为海洋资源管理机构，负责美国海洋资源开发、环境保护等职责。同时国会先后制定通过了《海岸带管理法》（Coastal Zone Management Law）和《海洋保护、研究和自然保护区法》（Law on Marine Protection, Research and Nature Reserves）等法律，为海洋资源的合理利用提供了法律保障。2020 年 4 月美国国家水电协会（National Hydropower Association，NHA）发布了《海洋能产业化战略报告》（Marine Energy Industrialization Strategy Report），公布了新的海洋能装机发展目标，即到 2025 年达到 50MW，到 2030 年达到 500MW，到 2035 年达到 1GW。

在资金补助和奖励政策方面，美国议会于 2005 年通过了《能源政策法案》（Energy Policy Act），明确规定了海洋能强制购买条款等刺激方案[16]。美国能源部（United States Department of Energy，DOE）的水能项目（The Water Power Program）主导了美国海洋能的发展，建立了小企业技术转让扶持基金（Small Business Technology Transfer，STTR），专门为技术研发和工程建设提供资金支持[17]。目前该基金在海洋和水动力可再生能源方面共支持项目 73 个，投资 872 万美元，其中在技术开发方面的投资占总资金的 87%。美国能源部的“小企业创新研究计划”（Small Business Innovation Research，SBIR）和“小企业技术转移计划”（Small Business Technology Transfer Plan）是为支持小微企业进行科技创新而设立的，其中包括海洋可再生能源小微企业。

减免联邦生产税也是美国政府激励海洋能发展的一项重要经济举措，目前可为 2017 年 1 月 1 日之前投入运营的项目减免 1.5 美分/(kW·h) 的税收，自贷款购买设备或设施投入使用起 10 年内有效。此外，美国还为 500 人以下的海洋水力能公司提供税费减免低息贷款，加速其科技成果的转化。美国还利用金融手段实施了多项激励措施，如发行可再生能源生产激励债券、合格节能债券、能源部贷款担保、农业部农村能源计划贷款担保等。清洁可再生能源债券是美国鼓励发展海洋可再生能源的一项重要市场激励措施，该债券是税收减免债券，其收益用于政府机构、公共电力供应商或联合电力公司支付合格的可再生能源成本，包括海洋可再生能源。债券持有人以联邦税收减免代替传统债券利息的一部分，借款人的实际利率较低。

综上所述，美国在海洋能政策方面以产业推广为目标，立足本土，面向全球推广其技术和产品；在海洋能发展规划方面，制定了全面、详细且具有可操作性的发展规划和资金扶持方案，因此在海洋能开发利用方面走在了世界前列。

6.3 加拿大

加拿大一直是海洋能源和海洋技术强国，在国家政策方面，联邦政府一直在积极地推动海洋可再生能源立法工作，努力将其覆盖到联邦海域的各个可再生能源项目。2011 年加拿大发布的《加拿大海洋可再生能源技术路线图》（Canada's Marine Renewable Energy Technology Roadmap）[18]提出了该国波浪能、潮流能和河流能的主要战略与行动计划。该路线图计划 2030 年装机容量达到 2000MW，预计每年可带来 2 亿美元的经济收益。位于新斯科舍省（Nova Scotia）的加拿大芬迪海洋能源研究中心（The Fundy Ocean Research Centre for Energy，FORCE）已成为世界领先的、可并网的海洋能框架结构示范中心，承担了多项海洋能装置的试验和示范功能，是加拿大最重要的海洋能研究机构之一[19]。

在地方上，加拿大各地开展了各种海洋可再生能源的研究与项目落地，其重点仍聚焦于新斯科舍省大西洋沿岸的潮流能开发。2011 年新斯科舍省政府宣布该省将创造有利条件，成立海洋能（以潮流能为主）专门发展部。该省提出，到2015年，争取在建和已建成海洋能发电总装机容量65MW，5～10年后增加到300MW。2012年，新斯科舍省发布《海洋可再生能源战略》（Marine Renewable Energy Strategy），为示范项目产业化提供支撑。新斯科舍省政府于2015年制定了《海洋可再生能源法案》（Marine Renewable Energy Act），并于2017年对该法案进行了修正，提出新进入新斯科舍潮流能源市场的项目，只要规模小于5MW，就可以简化审批流程，并下放了总装机容量小于10MW项目的审批权。基于该修正法案，当地政府为5MW以下的示范项目建立了新的许可制度，极大地推动了新斯科舍省海洋能项目和相关产业的发展。

在资金补助和奖励政策方面，据俄勒冈州海洋可再生能源集团（Ocean Renewable Energy Group）估计，截至2021年12月，加拿大已为海洋可再生能源开发项目提供超过1.75亿美元的支持。2011年加拿大联邦政府斥资9700万加元推出生态能源创新计划，用于支持清洁能源技术的研发和示范项目，其中包括海洋可再生能源技术。新斯科舍省于2011年开始实施为期20年的强制上网电价制度，用以支持小规模潮流能阵列（500kW以下）的并网发电；不列颠哥伦比亚省对包括波浪能、潮流能、河流能在内的6种新兴能源实施强制上网电价制度，且没有规定强制年限。位于新斯科舍省的海上能源研究协会一直致力于扶持海洋能研发，2017年该协会与加拿大自然资源部和新斯科舍省能源部合作，直接资助了海洋环境效应监测、施工和降本增效技术等领域的5个合作研究[19]。

6.4 欧洲

6.4.1 欧盟

欧洲作为传统制造业的基地，一直面临能源转型的困境，其中能源结构的调整最具挑战性。欧洲有丰富的海洋能资源，尤其是北部风能、潮汐能、波浪能等可转化量巨大，发展海洋可再生能源是实现欧洲能源可持续发展的必经之路。与海上风能相比，虽然海洋能属于海洋新兴产业，但波浪能和潮流能技术已具备商业化能力。2020年全球海洋能总装机容量528MW，其中潮汐能装机容量494MW。截至2020年，除潮汐能外，全球海洋能总装机容量34.6MW，其中欧盟27国有13.3MW，英国有13.7MW，总占比78%。海洋能中波浪能总装机容量12MW，欧洲有8MW，占比66%，潮流能有22.4MW，欧洲占比76%。

在顶层战略和总体规划方面，欧盟出台了两个旨在促进海洋可再生能源研究和开发的计划。一是2010年欧洲科学基金会（European ScienceFoundation，ESF）发布的《海洋可再生能源：欧洲新能源时代的研究挑战与机遇》（Marine Renewable Energy：Research Challenges and Opportunities for a new Energy Era in Europe）[20]，该报告提出，到2050年，力争欧洲电力需求的50%由海洋能提供。二是2011年离岸可再生能源转化平台协调行动（Offshore Renewable Energy Conversion Platform Coordination Action，ORECCA）公布的《欧洲离岸可再生能源路线图》（EU offshore Renewable EnergyRoadmap）[21]，该路线图首次提出了海上风能、波浪能和潮汐能三大离岸可再生能源共同发展的泛技术、泛欧洲路线，重点阐述了三者的协同增效效益及发展所面临的机遇与挑战。该路线图提出，2050年欧洲海洋可再生能源将达188GW。路线图从资源、财政、技术、基础设施和环境以及相关法律法规制度等5个方面阐述了实施的机遇与挑战，并提出了措施和具体行动内容。在资源方面，主要阐明了离岸风能、波浪能和潮汐能在欧洲的分布以及可利用的方式，研究了三大能源的组合方式、组合地点以及组合利用的协同方式。在财政方面，预测了离岸可再生能源行业的投资规模和资金缺口，提出了降低离岸可再生能源投资金融风险的措施。在技术方面，梳理了离岸风能、波浪能和潮汐能已有的相关技术，探索了能源组合利用新技术。在基础设施方面，总结了离岸风能、波浪能和潮汐能相关基础设施的建设重点。在环境以及立法方面，评估了目前海洋可再生能源利用现状和发展规划对环境的影响，制定了欧盟层面的许可与授权法律法规。可以说，该路线图规划了未来几十年欧洲潮流能的发展方向。

2014年，欧盟制定了《蓝色能源》（Blue Energy）战略[22]，估计2010—2050年，全球波浪能和潮汐能市场的价值高达5350亿欧元，扩大海洋能源的部署有助于实现欧洲的脱碳目标，履行欧盟到2050年将温室气体排放量减少80%~95%的承诺。2016年11月，《海洋能战略发展路线图》（Marine Energy Strategic Development Roadmap）[23]由欧盟委员会正式发布。该路线图指出，海洋能的发展将带来更多投资和就业机会，减少欧洲对化石燃料的依赖程度，在未来碳经济转变和气候变化的对抗中扮演重要角色。该路线图还针对不同海洋能形式给出了具体阶段目标。在波浪能方面，以提高创新能力为主要目标，到2030年部署大型波浪能发电厂；在潮流能方面，优先落地示范项目、集中研究新技术，加强潮流能技术的竞争能力，巩固欧洲潮流能技术在全球的领先地位；在潮汐能方面，加强环境方法的研究和示范，促进有利政策的出台，简化准许流程；在温差能方面，优先输出欧洲先进技术，改进海洋热能转换器性能，提升材料和制造工艺，扩大温差能电场规模；在盐差能方面，重点研究膜、堆栈、材料、预处理和系统设计，到2030年建成第一个大型盐差能电场[24]。

2021年9月，欧盟宣布制定新的国家能源援助规则，旨在简化可再生能源项目审批流程，促进海洋能产业发展。新规取消了可再生能源开发利用项目中公共资金的“门槛”百分比，除欧盟层面的资金外，各国还可以提供更多的公共资金弥补项目的“资金缺口”，通过整合不同公共资金来源，更便于向可再生能源示范项目提供资金。

在资金和补助方面，欧盟也为海洋能技术的发展付出了实际行动。例如，欧洲能源研究联盟（European Energy Research Alliance，EERA）建立了一个海洋能源联合计划[25]，并针对海洋能构建了欧洲区域研究网络，鼓励会员国参与不同国家和地区的研究计划并提供资金支持，在第一轮EERA计划NER300中，3个海洋能项目共获得约6000万欧元的资助。从20世纪80年代开始，欧盟持续资助欧洲智能能源计划下的各种项目，总额高达9000万欧元。欧盟历史上最大的科研资助项目“欧洲地平线（Horizon Europe）”也建立了旨在解决包括海洋能利用等可再生能源研究的支持框架，2020年研究指南“地平线2020（Horizon 2020）”专门针对潮流能制订了资金支持计划。

6.4.2 英国

在过去的二十年中，英国一直聚焦海洋能的发展，无论是装备制造还是项目都走在世界前列，极大地促进了海洋能设计和产业化的融合。英国是欧洲海洋能资源最丰富的国家，拥有全欧洲50%的潮流能资源和35%的波浪能资源[26]。

在战略目标制定方面，早在2002年英国就发布了“可再生能源法令”（Renewables Obligation，RO）[27]，将可再生能源的发展作为义务来实行，该法令计划到2016年可再生能源发电量占总发电量的15.4%。2009年英国能源研究中心发布了《英国能源研究中心海洋波浪、潮流新能源技术路线图》（UKERC Marine，Wave and Tidal Current，Renewable Energy Technology Roadmap）[28]。在路线图中，英国将海洋能的开发分为6个阶段，最终目标为在2020年实现海洋可再生能源总装机容量1.2GW。此后，英国政府又在2010年颁布了《海洋能源行动计划2010》，将规划时间从2020年延续到2030年，并给出了较详细的技术路线。该行动计划覆盖了海浪、潮差和潮流能、汐流能等，计划到2050年减少80%碳排放量[29]。2021年英国可再生能源协会（Renewable UK）发布了《英国在第26届联合国气候变化大会（COP26）前能源发展目标》的报告，敦促英国政府在2021年11月第26届联合国气候变化大会（2021 United Nations Climate Change Conference，COP26）上提出英国可再生氢能（5GW）、陆地风电（30GW）和海上风电（2GW）以及海洋能（1GW）的具体装机发展目标。报告指出，英国可再生能源发展目标是到2035年碳排放量减少78%，到2050年实现净零排放。报告详细阐述了英国可再生能源发展中尚需把握的经济机遇以及英国在第26届联合国气候变化大会之前明确清洁能源目标的重要意义。

在顶层规划方面，英国政府不断地调整政策，目的是不断地刺激海洋能源高速发展。如2009年发布的英国“可再生能源战略声明”强调，通过“可再生能源义务证书（Renewables Obligation Certifications，ROCs）”补贴新能源电价的同时考虑普通居民对能源消费价格的敏感程度，这被认为是政府首次对高额政策的反思，为之后的能源补贴退坡政策埋下了伏笔。声明还认为，政府应扮演幕后推手的角色而不是直接投资者，可再生能源领域应充分利用现有民间资本，同时加大利用风险资金和私营产权资金的力度。2014年发布的《英国海洋能技术路线图2014》（Ocean Energy Technology Roadmap 2014）分析了全球海洋能产业的现状，规划了英国海洋能产业发展规模、技术路线和实施次序，并强调资金和政策应向应用和项目落地方向倾斜。英国一直按此路线图的规划执行。

在资金支持方面，为达到2050年碳排放量目标，2003年起英国政府向生产可再生能源的企业颁发可再生能源义务证书（Renewables Obligation Certifications，ROCs），实行“可再生能源配额加可再生能源义务证书交易”制度，该政策是英国促进可再生能源电力发展的主要政策。英国政府保证持有该证书的企业发电量全部上网，并可以高于市场价格数倍的水平向电网出售，这项补贴政策极大地鼓励了包括海洋能在内的一系列可再生能源的发展，奠定了英国的世界领先地位。

近年来，随着可再生能源发电技术的加速进步，为提高补贴效率、减轻消费者负担，英国逐步转向基于市场竞争的支持政策，新能源也逐渐参与市场竞争，采用竞争性招标方式确定电价补贴。2011年英国政府宣布从2017年3月31日开始，不再向新建的大型新能源项目颁发可再生能源义务证书，转而采用低碳能源差价合约，即可再生能源之间相互竞争，价低者获得入网配额。对小型可再生能源项目（5MW以下），依然执行从2010年起实行的固定兜底电价政策。从长远看，英国政府可再生能源度电资金支持正在逐渐减少，主要是为了积极引导其参与市场竞争，倒逼技术革新。

英国可再生能源经济政策演变的过程为：第一阶段（2002—2017 年）：实行颁发可再生能源义务证书制度。英国商务能源与产业战略部（Department for Business, Energy and Industrial Strategy, BEIS）制定宏观政策，天然气和电力市场办公室（Office of Gas and Electricity Markets, OFGEM）作为监督和执行机构，细化补贴范围和补贴标准。在此期间，国家规定电网必须采购一定比例的可再生能源发电。每年 10 月，商务能源与产业战略部发布下一财政年的可再生能源比例要求，符合条件的可再生能源发电商每月向监管机构报告可再生能源发电量，获得相应数量的可再生能源义务证书。在电力交易过程中，发电企业向电网出售可再生能源义务证书，获得评价上网外的溢价收入。电网向监管机构电力市场和天然气办公室出示所购买的可再生能源义务证书用以证明其履行了配额义务，否则将会收到来自商务能源与产业战略部的经济惩罚，罚款将作为补偿，按比例返还给拥有可再生能源义务证书的发电企业。第二阶段（2017 年开始）实行低碳能源差价合约。向电网出售可再生能源义务证书的价格由发电企业和电网协商确定，由于可再生能源义务证书具有稀缺性，定价权在发电企业手中。2017 年之后，已获得可再生能源义务证书的企业可以继续通过出售证书获得售电溢价资格，而新建的可再生能源发电项目所生产的电力只能以差价合约出售，类似带有少量补贴的固定电价[30]。

除可再生能源义务证书交易制度补贴外，2002—2012 年英国政府斥资 2.95 亿美元设立了海洋能应用基金，波浪能和潮流能源研究、开发和示范支持基金等，这些基金将直接资助海洋能设备的研发、制造和示范项目的落地，来自海洋的可再生能源得到了更多的经济支持。

6.4.3 爱尔兰

爱尔兰作为欧洲大西洋南部的岛国，海洋能资源丰富，在其能源结构中，波浪能、潮流能和海上风能均占有一定比例，海洋能制造业也较发达。爱尔兰拥有一流的海洋能源研究基地，在工程设计、测试和系泊设计上达到世界级水平。2016 年政府加大了对海洋能的投资，改造了现有测试场，进一步优化了海洋能的发展环境。

在国家战略和顶层规划方面，2005 年 10 月，爱尔兰环境、气候和通信部（Department of the Environment, Climate and Communications, DECC）发布了《爱尔兰海洋能源》（Ocean Energy in Ireland）[31]，旨在改变爱尔兰可再生能源依赖风能的现状，寻求更多突破。该规划通过评估爱尔兰波浪能、潮汐能和海流能的开发潜力，分析建造和使用成本，综合得出爱尔兰发展以波浪能为主的海洋能的结论，明确了海洋可再生能源在国家战略中的地位。同时该文件还为爱尔兰未来十年的海洋能发展做了规划，计划到 2025 年海洋能发电量达到 383MW。

2014 年发布的《海洋可再生能源发展规划》（Ocean Renewable Energy Development Planning, OREDP）是爱尔兰海洋可再生能源的纲领性文件，主要分为两部分：第一部分论述了发展机遇、政策背景、行动计划和发展举措；第二部分介绍了规划的战略和环境目标。文件强调了发展海洋能产业对促进国内社会经济发展的重要性，提出了发展原则，并将爱尔兰海洋能源指导小组（Ocean Renewable Energy Steering Group, ORESG）确定为具体实施组织，负责指导项目、统筹各方协作关系，对接企业需求。2015年通信、海洋与自然资源部发布了《爱尔兰向低碳能源的未来转型（2015—2030年）》（Ireland's Future Transition to Low Carbon Energy 2015—2030）白皮书[32]。白皮书在考虑欧洲和国际气候变化的相关协议与目标，社会、经济和就业等问题的基础上制定了2030年之前能源领域政策与行动框架，并预测海洋能将对爱尔兰的能源转型起到重要的促进作用，同时重申《海洋可再生能源发展规划》在该领域发展中的指导地位。

在资金激励方面，《海洋可再生能源发展规划》提出了制定海洋能初期市场支持电价税政策（Initial Market Support Tariff），拟对商业化前期的海洋能（装机容量30MW以下的波浪能和潮流能）试验和示范运行项目给予每兆瓦时260欧元的补助。2015年7月，通信、海洋与自然资源部发布了一份评估报告，建议从2017年起为爱尔兰的可再生能源发电提供新的电价体系，引入社会资本，加大补贴力度，其中也提到对波浪能和潮流能进行支持电价补助[33]。

6.4.4 德国

德国也是较早利用海洋可再生能源的国家之一。在国家战略和顶层设计方面，2000年德国出台了《可再生能源法》（Erneuerbare Energien Gesetz）[34]，制定了固定电价制度，即电网有义务向合格的可再生能源企业以固定的价格购买固定的电量，并且明确电价退坡标准为每年降低1.5%~6.5%（根据发电企业规模和当年财政预算确定）。该能源法自实施以来极大地提高了可再生能源在德国电力行业的地位，德国可再生能源的总电力消耗比重已从2000年的约6%上升至2017年的36.1%。2017年德国政府对《可再生能源法》进行了修订，提到融资率不再由政府规定，而通过市场竞争机制决定。但是海洋能发电（包括波浪能、潮流能、潮汐能和盐差能）并未采用竞争机制，而是继续沿用固定电价机制。目前合格的海洋可再生能源每千瓦电价分别为12.4欧分（小于500kW的系统）和3.47欧分（大于50MW的发电厂），远高于竞争上网电价[35]。这项保护举措为海洋可再生能源赢得了更多的发展时间，也说明德国政府对海洋能抱有极大的期待。

在资金支持与补贴方面，德国加快了从核电和化石燃料发电向可再生能源发电的转变。2014年德国可再生能源占比只有9.9%，而默克尔政府规划到2020年占比达到35%，同时减少7800万t二氧化碳排放量。为弥补这个巨大的占比缺口，2015年德国政府宣布了一项总额3亿欧元的补贴政策，直接对中小规模可再生能源供热企业发放奖励，为大型企业提供补助和贷款。这项举措帮助了包括海洋能在内的多项可再生能源项目落地。2014年德国发布了“联邦经济事务与能源部第6次能源研究计划”，该计划主要以经济手段帮助海洋能技术研发。截至2021年12月，已资助包括Tidal Power-TRITON 2.5MW半潜式平台、杜伊斯堡·埃森大学的新型波浪能装置等在内的12个关于潮流能、波浪能涡轮机部件与概念设计项目，总额约2亿欧元[34]。2018年德国的可再生能源发电量创下了纪录，可再生能源占能源消耗的38.2%，超额完成2020年达到35%的既定目标，这个跨越式发展与密集的资金支持密不可分。同年联邦政府再次宣布为能源研究提供四年64亿欧元的资金支持计划，金额比2013—2017年增加了45%，该资助计划已于2018年9月通过第7次联邦能源研究会议，目前正在实施。

6.4.5 西班牙

西班牙的海洋可再生能源资源丰富，例如西班牙西北部的穆罗斯湾（Ria de Muros）[36]、卢戈（Ribadeo）[37]、奥尔蒂盖拉湾（Ria de Ortigueira）[38] 和阿劳萨湾（Ria de Arousa）[39] 均可建设规模较大的潮流能电站，但西班牙仍缺乏商业规模的海洋能发电场[40]。来自欧盟对成员国减排要求和能源转型的压力正在迫使西班牙重视海洋可再生能源。2010 年西班牙政府推出了《可再生能源计划（2010—2020 年）》（Spain's National Renewable Energy Action Plan 2011—2020）[41]，详细分析了国内海洋能源现状，并制订了未来的战略行动目标。

6.4.6 法国

在国家政策和顶层设计方面，2015 年 8 月，法国通过了能源法案《绿色增长能源转型法案》（Loi de Transition Energétique pour la Croissance Verte），计划到 2030 年，可再生能源占电力配比的 40%。在计划执行中，政府根据各类能源的装机容量制订了为期十年的相关审批计划，这些计划已在 2018 年政府公布的“多年度能源政策路线图”中发布。该计划还针对欧盟的科研资助框架“地平线”（Horizon 2023/2018）（欧洲“地平线”是欧盟历史上最大一笔科研资助项目，预算约 1000 亿欧元，重点关注基础研究、创新和社会重大问题）制订了关于海洋能方面的具体目标。2016 年法国启动海洋空间规划（Marine Spatial Planning，MSP）磋商，确定了海洋能项目专用海域。最终版的磋商成果“沿海战略文件”（Strategic Sea Basin Documents，DSF）已于 2019 年初发布。

2017 年法国国家科研署与法国海洋能源公司合作，通过招标完成了 6 个海洋可再生能源研发项目的资助。这种公共机构和私企联合的方式有效地平衡了海洋能发展面临的资金、技术、环保等需求。据统计，2015—2017 年，法国海洋能研究共获得 1000 万欧元的研发经费。此外，法国地方政府也在努力支持海洋可再生能源的发展，不但资助了联盟研发计划和地方项目，还在瑟堡（Cherbourg）、布雷斯特（Brest）、圣纳泽尔（Saint-Nazaire）等地投资港口设施，为在新码头区建设海洋能电厂提供足够的空间。

在市场激励方面，法国政府已为两个潮流能发电示范场直接提供了资金资助。此外，海洋可再生电力上网还可得到政策补贴，例如，由法国电力集团和海军能源集团（EDFen-Naval Energies）牵头开发的诺曼底（Normandie）海洋能项目，可享受低息银行贷款和每兆瓦 173 欧元的上网电价补贴[42]。

6.4.7 葡萄牙

2007 年葡萄牙政府为海洋可再生能源制定了特殊的税法（2007 年 225 号法令），规定对装机容量达到 20MW 的海洋可再生能源发电装置，每 1000 度电仅征收 260 欧元入网税（太阳能发电装置的电力为每 1000 度电征收 373 欧元入网税）。对于装机容量超过 20MW 的海洋能发电装置，随着其装机容量的增加，入网税也按比例逐渐递减。此税法旨在鼓励葡萄牙国内大装机容量的海洋可再生能源电力系统的研发与投产运行。此外，为了支持海洋能产业链上的制造企业，葡萄牙政府计划为可再生能源电力系统关键部件的生产商制定免税政策，减免的额度为 12%～21%，额度的大小主要取决于可再生能源系统的装机容量[43]。

6.4.8 挪威

在国家政策和顶层设计方面，挪威《海洋能源法案》（Marine Energy Act of Norway）于 2010 年 7 月 1 日正式生效，从法律层面为海洋能的发展提供了有力保障[44]。2016 年挪威发布了能源政策白皮书，指出全球潜在的海洋可再生能源发电量可达 50TWh。在经济支持与激励方面，2011 年挪威与瑞典签署了联合绿色电力证书市场协议。从 2012 年起的十五年中，合格的可再生能源发电企业每发电 1MW · h 可获得一张证书，其与电网的交易价格由市场决定。隶属于挪威能源署（Norwegian Ministry of Petroleum and Energy）的政府企业挪威能源管理公司（Enova SF）为海洋能示范项目提供资金补助，最高可达总成本的 50%。此外，针对国外研发的装置在挪威海域应用的情况，挪威能源署还推出了新能源技术示范支持计划。挪威创新局（Innovation Norway）通过“环境友好型技术”计划支持装置样机研发，最多提供 45% 的资金支持。挪威研究委员会通过能源研究计划（ENERGIX）支持可再生能源技术研发[45]。

6.4.9 比利时

在国家政策和顶层设计方面，比利时出台了针对风能（陆上风能和海上风能）、生物质能、沼气能和太阳能的激励措施。比利时海洋空间规划办公室划定了 7 个“海上风能、波浪能和潮流能”开发区。2012 年 7 月批准美人鱼公司（Mermaid）在离岸 55km 处（水深 35～40m，波功率密度 6.5kW/m）开发 266MW 风电场和 5MW 波浪能发电场，该项目计划于 2020 年完成[46]。在市场激励方面，比利时实行可交易绿色证书（Tradable Green Certificates，TGC）机制，有效保障了可再生能源发电绿色能源证书市场[47]。对于每一项可再生能源技术，由开发商、技术方、投资者和银行等利益相关方提议交易价格，确定可再生能源发电成本，以及每兆瓦时欧元的可交易绿色证书值，价格可实时变动。

6.4.10 意大利

意大利在海洋能利用方面起步较晚，但也在积极探索。2018 年意大利向欧盟委员会提交了《国家综合能源和气候计划草案》（National Energy and Climate Plan，NECP），该草案由经济发展部、环境部、交通和基础设施部联合发布，由各高水平科研机构合作编写。草案预计 2030 年新能源和可再生能源在电力行业的普及率超过 50%，因此必须积极鼓励包括海洋能（海风能、潮流能、潮汐能等）技术在内的创新型技术和有前景的技术共同发展，“向海洋要能源”是意大利能源转型的必经之路[48]。

6.5 澳洲

澳大利亚在 2001 年率先提出了可再生能源发展的总体规划《强制性可再生能源目

标》（Mandatory Renewable Energy Targets），计划到2010年可再生能源电力达到95GW・h，为可再生能源的蓬勃发展奠定基础。2004年澳大利亚发布了能源白皮书《确保澳大利亚的能源未来》，是对《强制性可再生能源目标》的补充。通过总结多年发展经验，2009年澳大利亚颁布了《可再生能源目标》（Renewable Energy Target），计划2020年可再生能源占年电力量的20%，达到450GW・h[49]。《可再生能源法》（Renewable Energy Act）及其修正案是澳大利亚可再生能源领域的基本法，明确了可再生能源许可证制度，即“绿证”制度。新西兰于2011年发布了《2011—2021年能源战略》（Energy Strategy 2011—2021）和《2011年可再生能源发电国家政策》（National Policy on Renewable Energy Power Generation in 2011），计划2025年可再生技术发电量的90%由水力、地热、风能、太阳能、海洋能提供[50]。

在资金支持与激励方面，澳大利亚可再生能源中心设立1亿澳元风险投资用以支持可再生能源项目，海洋能已被明确列为支持目标之一。新西兰政府还设立了海洋能基金（Marine Energy Deployment Fund，MEDF），企业创新与就业部（Ministry of Business，Innovation and Employment，MBIE）就海洋能设立了能源类基金以支持波浪能和潮流能发电设备的研发。新西兰《2015年度国家科学投资报告》（National Science Investment Report 2015）将奋进基金引入海洋领域，重点发展海洋可再生能源[51]。

6.6 韩国

2008年韩国政府提出到2030年新能源以及可再生能源将满足国家总能源需求的11%，其中，海洋可再生能源占新能源总量的4.7%。针对这个战略目标，韩国政府划分了三个发展阶段：到2012年为第一个阶段，主要由政府资助进行适合近海海域的海洋可再生能源技术研发及示范；2013—2020年为第二个阶段，产业企业在技术研发及示范方面的投入将逐步增加，主要开发深海海洋可再生能源；2021—2030年将由企业引领海洋能商业开发[52]。目前韩国正处于实现战略目标的第三个阶段，潮流能发电已经正式获得可再生能源证书（Renewable Energy Certificates，RECs）制度支持，波浪能和温差能发电也将纳入其中。韩国海洋和渔业部（Ministry of Oceans and Fisheries，MOF）与贸易工业和能源部（Ministry of Trade，Industry and Energy，MOTIE）联合制定发布的《中长期清洁海洋能发展规划（2015—2025年）》中详细描述了韩国在新能源和可再生能源方面的长期目标、发展战略及发展行动计划。该规划在海洋能方面的主要目标是对可落地的研发进行实质性支持，促进海洋能分布式应用。此后韩国又陆续发布了《低碳和绿色增长框架法》（Framework Act on Carbon Neutrality and Green Growth）、《促进新能源和可再生能源开发、利用和推广法》（Act on the Promotion of the Development，Use and Diffusion of New and Renewable Energy）、《海洋环境管理法》（Marine Environment Management Act）等关于可再生能源发展的管理文件，表明韩国政府对海洋可再生能源高度重视。

在资金补助和奖励政策方面，韩国海洋可再生能源基础研究资金主要来自政府，韩国知识经济部通过“2030年国家新能源和可再生能源计划”（National New Energy and Renewable Energy Plan 2030）资助海洋可再生能源的基础研究与开发。韩国国土海洋部主要通过“海洋可再生能源实用技术发展计划”（Practical Technology Development Plan for Marine Renewable Energy）支持海洋可再生能源的示范项目。2010 年在海洋可再生能源研究与开发方面的政府预算总额已经达 1350 万美元。海洋和渔业部（MOF）、贸易工业和能源部（MOTIE）为可再生能源（包括海洋能）的研发及示范提供资金。海洋和渔业部（MOF）主要通过“实用型海洋能技术开发计划”（Plan for Practical Marine Energy Technology Development ）进行支持，贸易工业和能源部（MOTIE）通过“2030 年国家新能源和可再生能源计划”进行支持。韩国早在 2002 年就开始实施新能源电力强制入网政策，强制要求电网购买符合要求的新能源和可再生能源全部发电，目前这项政策也将潮汐能和潮流能纳入了强制范畴。此外，韩国实行可再生能源发电配额制作为强制入网政策的补充，此政策自 2012 年开始实施，并规定当年国内发电量的 2% 必须由可再生能源提供，到 2022 年这个比例增加到 10%。

6.7 日本

发展海洋经济一直是日本政府制定政策时优先考虑的问题。自 21 世纪以来，以“海洋立国”为发展目标的日本将海洋的开发利用视为其经济社会发展的基础。

2007 年和 2008 年日本相继发布了《海洋基本法》（Basic Act on Ocean Policy）[53]和《海洋基本计划》（Basic Plan on Ocean Policy）[54]两项法律和政策规划，是当今日本发展海洋产业的基本政策依据和重要实施指南。2018 年 5 月，日本政府发布第三期《海洋基本计划》[55]，同年 10 月新《海洋能源法》（Marine Energy Law）出台。新法规继续大力支持海洋能研发，促进海洋能产业化及偏远岛屿经济发展，并规定海洋能设施用海期限可长达 30 年。

日本一直重视海洋能技术的研发工作。日本海洋科学技术中心和海洋深层水利用研究会是主导日本海洋技术研究的两个重要机构，是日本政府关于海洋研究的主要机构。此外，日本还成立了国家级团体海洋能专业委员会，专门从事政策研究和行业管理工作，海洋科学技术中心就是其下设的十多个技术单位之一[56]。著名的“黑潮计划”（Kuroshio project）便是其主导的项目之一，该项目还获得了日本新能源产业技术综合开发机构（New Energy and Industrial Technology Development Organization ，NEDO）的 2000 万美元资金支持。2019 年 8 月，“黑潮计划”机组开始运行，对 100kW 海流能机组的发展起到了示范作用。

参 考 文 献

[1] 全国人大常委会. 中华人民共和国可再生能源法 [Z]. 2006.
[2] 张炫钊，张培栋. 国内外现行海洋能政策比较分析 [J]. 海洋经济，2018，8（1）：48-56.
[3] 国务院办公厅. 能源发展战略行动计划 [Z]. 2014.
[4] 国家能源局. 可再生能源发电全额保障性收购管理办法（征求意稿）[Z]. 2015.
[5] 国家发展和改革委员会. 可再生能源发电价格和费用分摊管理试行办法 [Z]. 2006.

[6] 国家海洋局. 海洋可再生能源发展“十三五”规划 [Z]. 2016.
[7] 国家发展改革委. 自然资源部推动海洋经济发展示范区建设 [J]. 中国经贸导刊, 2018, 917(34): 43.
[8] 浙江发展和改革委员会. 浙江省国民经济和社会发展第十四个五年规划和二三五年远景目标纲要[Z/OL]. 2021. http://fgw.ningbo.gov.cn/art/2021/2/7/art_1229019926_58926916.html.
[9] 易爱军, 吴价宝, 沈和易. “十四五”江苏海洋经济空间发展策略研究 [J]. 江苏海洋大学学报: 人文社会科学版, 2020, 18 (6): 1-10.
[10] 张泽怡, 郑军, 孙丹妮. 海洋生态环境管理, 如何更系统—加强系统科学在“十四五”海洋生态环境管理中的运用 [J]. 中国生态文明, 2021 (3): 59-63.
[11] 马春雷. 关于《上海市国民经济和社会发展第十四个五年规划和二三五年远景目标纲要（草案）》编制情况的报告 [EB/OL]. 2020. http://www.spcsc.sh.cn/n8347/n8407/n8938/u1ai234765.html.
[12] 许丹, 刘崇明, 王欣. 海洋可再生能源政策研究 [J]. 绿色科技, 2015 (8): 304-307.
[13] 黄翠, 王春谊, 高艳波. 海洋可再生能源激励政策探析 [J]. 中国海洋可再生能源发展年会暨论坛, 2013 (2): 16-20.
[14] LABORATORY N R E. The United States Marine Hydrokinetic Renewable Energy Technology Roadmap [Z]. 2010.
[15] 张多. 美国的海洋能政策与开发 [N]. 中国海洋在线, 2018.
[16] K MALMEDAL P K S, B Kroposki B. Energy policy act of 2005 [J]. IEEE Industry Applications Magazine, 2007, 13: 14-20.
[17] 王文祥, 马强. 中美潮流能资源开发利用发展对比 [J]. 机电设备, 2013 (4): 61-64.
[18] GROUP O R E. Charting the course Canada's marine renewable energy technology roadmap [Z]. 2011.
[19] BOARD C N E. Canada's adoption of renewable power sources - energy market analysis [N]. 2017.
[20] EUROPEAN SCIENCE FOUNDATION. Marine Renewable Energy: Research Challenges and Opportunities for a New Energy Era in Europe [Z]. 2010.
[21] OFFSHORE RENEWABLE ENERGY CONVERSION PLATFORM COORDINATION ACTION. EU offshore Renewable Energy Roadmap [Z]. 2011.
[22] EUROPEAN COMMISSION. Blue Energy [Z]. 2014.
[23] EUROPEAN COMMISSION. Roadmap for Strategic Development of Marine Energy [Z]. 2016.
[24] 张多. 欧洲海洋能战略发展路线图 [N]. 海洋能开发利用进展, 2017.
[25] 王琦, 王志鹏, 姚莉. 浅析欧洲“蓝色能源”的开发与利用 [J]. 国土资源情报, 2017 (3): 39-45.
[26] RENEWABLE UK. Ocean energy race - the UK's inside track [R/OL]. 2017. https://cdn.ymaws.com/sites/renewableuk.site-ym.com/resource/resmgr/publications/OER_inside_track_final_-_onl.pdf.
[27] OFFICE OF GAS AND ELECTRICITY MAKETS. Renewables Obligation [EB/OL]. 2002. https://www.ofgem.gov.uk/environmental-and-social-schemes/renewables-obligation-ro.
[28] MUELLER M, JEFFREY H. UKERC Marine (Wave and Tidal Current) Renewable Energy Technology Roadmap [R/OL]. 2009. https://ukerc.ac.uk/publications/ukerc-marine-wave-and-tidal-current-renewable-energy-technology-roadmap/.
[29] DEPARTMENT OF ENERGY AND CLIMATE CHANGE. Marine energy action plan 2010 - executive summary and recommendations [R/OL]. 2010. http://regensw.s3.amazonaws.com/1275819743_963.pdf.
[30] 杨娟, 刘树杰, 王丹. 英, 德可再生能源政策转型及其对我国的启示 [J]. 中国电力企业管理, 2018 (16): 34-39.

[31] DEPARTMENT OF COMMUNICATIONS，MARINE AND NATURAL RESOURCES. Ocean energy in Ireland [R/OL]. 2005. https：//oar. marine. ie/bitstream/handle/10793/577/Ocean% 20Energy% 20in% 20Ireland. pdf? sequence=1&isAllowed=y.

[32] DEPARTMENT OF COMMUNICATIONS，ENERGY AND NATURAL RESOURCES. Ireland's Future Transition to Low Carbon Energy 2015-2030 [Z]. 2015.

[33] 张多 . 2016 年爱尔兰海洋能进展 [N]. 海洋能开发利用进展，2017.

[34] 张多 . 德国海洋能：鼓励研发创新实现技术输出 [N]. 中国海洋在线，2018.

[35] TAVEIRA-PINTO F，SANTOS P，FAZERES FERRADOSA T. Marine renewable energy [J/OL]. Renewable Energy，2019，150. DOI：10. 1016/j. renene. 2019. 10. 014.

[36] CARBALLO R，IGLESIAS G，CASTRO A. Baroclinic model study of the marine current energy potential in the Ria de Muros（NW Spain）[M]. Coastal Engineering 2008：（In 5 Volumes）World Scientific，2009：4658-4664.

[37] RAMOS V，CARBALLO R，ÁLVAREZ M，et al. A port towards energy self-sufficiency using tidal stream power [J/OL]. Energy，2014，71：432 - 444. https：//www. sciencedirect. com/science/article/pii/S0360544214005295. DOI：https：//doi. org/10. 1016/j. energy. 2014. 04. 098.

[38] IGLESIAS G，SANCHEZ M，CARBALLO R，et al. The TSE index-A new tool for selecting tidal stream sites in depth-limited regions [J/OL]. Renewable Energy，2012，48：350-357. https：//www. sciencedirect. com/science/article/pii/S0960148112003333. DOI：https：//doi. org/10. 1016/j. renene. 2012. 05. 012.

[39] RAMOS V，CARBALLO R，ALVAREZ M，et al. Assessment of the impacts of tidal stream energy through high-resolution numerical modeling [J/OL]. Energy，2013，61：541-554. https：//www. sciencedirect. com/science/article/pii/S0360544213007408. DOI：https：//doi. org/10. 1016/j. energy. 2013. 08. 051.

[40] QUERO P，GARCíA SANABRIA J，CHICA RUIZ J. Marine renewable energy and maritime spatial planning in Spain：Main challenges and recommendations [J/OL]. Marine Policy，2021，127. DOI：10. 1016/j. marpol. 2021. 104444.

[41] INSTITUTO PARA LA DIVERSIFICACION Y AHORRO DE ENERGIA（IDAE）. Spain's national renewable energy action plan 2011-2020 [Z]. 2011.

[42] 王琦，黄南艳，姜丽 . 法国海洋可再生能源产业发展浅析 [J]. 国土资源情报，2013（10）：51-56.

[43] 许丹，刘崇明，王欣等 . 海洋可再生能源政策研究 [J]. 绿色科技，2015（8）：304-307.

[44] SOLVSKUDT I O，SONNING B. Norwegian marine energy industry：To what extent can Norway develop a marine energy industry with a limited home market [R/OL]. Institutt for IndustriellØkonomi Og Teknologiledelse，2013. https：//ntnuopen. ntnu. no/ntnu-xmlui/bitstream/handle/11250/266282/629192_FULLTEXT01. pdf? sequence=1.

[45] 张多 . 2018 年挪威海洋能进展 [N]. 海洋能开发利用进展，2017.

[46] 张多 . 2017 年比利时海洋能进展 [N]. 海洋能开发利用进展，2018.

[47] VERBRUGGEN A. Tradable Green Certificates in Flanders（Belgium）[J/OL]. Energy Policy，2004，32：165-176. DOI：10. 1016/S0301-4215（02）00262-8.

[48] LEAL-ARCAS R. How can the EU diversify its energy supply to improve its energy security [J]. Queen Mary University of London Legal Studies Research Paper Series，2015，190/2015：1-22.

[49] 李化 . 澳大利亚的可再生能源发展与可再生能源证书制度 [J]. 华中农业大学学报（社会科学版），2011（6）：83.

[50] K PALMER D G. Developments in renewable energy law and policy in New Zealand [N]. Journal of En-

ergy & Natural Resources Law, 2014, 32.

[51] 张多 . 2016 年新西兰海洋能进展 [N]. 海洋能开发利用进展, 2017.

[52] 朴松美 . 韩国可再生能源支持政策研究 [D]. 吉林大学, 2017.

[53] Basic Act on Ocean Policy (Act No. 33 of April 27, 2007) [EB/OL]. 2007. https://www8.cao.go.jp/ocean/english/act/pdf/law_e.pdf.

[54] NAKAHARA H. Japan's first and second basic plan on ocean policy and the government annual reports: Considering the formation of the third Basic Plan on Ocean Policy [C/OL] //2018 OCEANS-MTS/IEEE Kobe Techno-Oceans (OTO). 2018: 1-4. DOI: 10.1109/OCEANSKOBE.2018.8559401.

[55] 王旭 . 日本第三期《海洋基本计划》解读 [J]. 国际研究参考, 2020 (3): 7.

[56] 程斐, 陈建平, 张良 . 日本海洋科学技术中心技术发展现状 [J]. 海洋工程, 2002, 20 (1): 5.

第 7 章 全球主要国家潮流能利用实例

自 21 世纪以来，全球多个国家积极地引导和推进海洋能的开发利用，相关技术进入了快速发展时期。潮流能发电产业与其他海洋能（不含海上风能）产业相比，技术成熟度更高，更具备产品化条件和商业开发前景。潮流能的开发利用与风能相似，同样会受潮流能发电装置的规格、类型及安装方式的影响，而且阵列的摆放方式也会直接影响周边潮流场的流速和流向，从而对潮流能利用造成影响。如今，潮流能机组形式的发展已进入收敛期，大部分机组主要采用成熟度较高的水平轴式[1]。大兆瓦级潮流能装置可有效保障潮流能开发目标的实现，而小单机容量的潮流能装置适合在浅水区安装，可以有效降低成本和风险，可以更好地促进技术和经验的积累，为未来向大功率机组开发奠定基础[2,3]。

欧美等西方发达国家的潮流能开发利用技术走在世界前列，目前已发展出水平轴式、垂直轴式、摆动翼式和其他基于不同技术原理的多样化机组形式。单机容量从 20 世纪 80 年代初的数十千瓦发展到目前的兆瓦级，逐步接近商业规模。示范项目众多，已建立多个海洋能测试中心，多机组流场干扰和发电场能量演化等技术也进步迅速。在机组安装及载体平台方面，桩柱式、座底式等固定形式的应用已非常成熟。随着潮流能开发逐步向资源更丰富的深海域发展，出现了漂浮式潮流能发电平台等[4]。潮流能装置部分字母缩写对照见表 7.1。

表 7.1 潮流能装置部分字母缩写对照表

机组形式		固定形式	
字母	含义	字母	含义
H	水平轴式	G	座底式
V	垂直轴式	F	漂浮式
K	风筝式	P	桩柱式
O	摆动翼式		
S	螺旋叶式		

中国在潮流能资源开发利用方面起步较晚，但正在快速追赶。据不完全统计，截至 2020 年，中国研制的潮流能装置有 39 个，其中 32 个完成了海试。这些装置中，100kW

以下装置 21 个，17 个装置完成了海试；100kW 以上装置 18 个，15 个装置完成了海试；水平轴式潮流能装置已开发 20 多个，最大单机容量 650kW。2022 年初，随着浙江舟山联合动能新能源开发有限公司（LHD）1.6MW 机组下水，中国潮流能装置的单机容量实现跨越式提升。三峡集团在舟山海域承建的中国第一个潮流能示范项目于 2020 年 7 月实现机组并网发电，标志着国内首个具备公共测试和示范功能的公益性开放型国家级潮流能试验场基本建成[5,6]。

本章从潮流能测试场建设和潮流能发电装置两方面着重介绍国内外已有的潮流能资源开发和利用实例，以加深对潮流能资源利用的认识。

7.1 全球主要潮流能技术测试中心和示范测试场

潮流能技术测试中心和海上测试场的建立对潮流能产业化发展具有重要意义。潮流能技术测试中心是潮流能产业的重要创新中心，除了为潮流能产品的测试和技术研发提供专业场地，还可提供安装、操作、咨询、评估、维护和退役等实践经验和相关服务。目前，全世界范围内关于海洋可再生能源装置的测试与评价研究正在进行，处于领先地位的国家相继建立了国家和区域级的公益性海上测试场。

7.1.1 欧洲海洋能源中心

欧洲海洋能源中心（European Marine Energy Centre，EMEC）[7] 成立于 2003 年，是世界上唯一受英国皇家认可委员会（United Kingdom Accreditation Service，UKAS）认证的海洋能试验研究中心，它专注于海洋能发电技术，是世界上第一家在海洋中实地测试海洋能发电装置的非营利性研究机构，可为海洋能开发公司的模型机提供公海测试场地。

欧洲海洋能源中心提供的服务吸引了全球各地的生产商，其托管的海洋能发电装置数量位居世界第一。欧洲海洋能源中心按照测试实验室标准 ISO 17025 运行，可提供国际认可的评估报告。该中心还通过了 ISO/IEC 17020 认证，可以提供船用发电装置及其子系统的技术验证。欧洲海洋能源中心在制定海洋能源国际标准方面也处于领先地位，并与其他国家结成联盟，将知识输出到世界各地，带动全球海洋可再生能源行业的发展。

除海洋能源开发方面的工作外，欧洲海洋能源中心还率先在奥克尼群岛发展了绿氢经济，建成了利用海洋能制氢的卡尔戴尔绿氢中心，为各种绿氢研究项目提供便利。欧洲海洋能源中心还致力于海上漂浮式风电、综合能源系统、可再生能源储能、海底数据中心等相关领域的研究。

1. 欧洲海洋能源中心的测试场[8]

欧洲海洋能源中心的主要测试场均安置在苏格兰的奥克尼群岛海域，这些地方海峡众多，潮流能资源极其丰富，很多地区的大潮流速可达 4m/s 以上（见表 7.2）。欧洲海洋能源中心在此处有 5 个海洋能测试场，两个用于潮流能设备的测试，两个用于波浪能设备的测试，还有一个是绿氢中心。

（1）沃尼斯水道测试场（Fall of Warness Grid-connected tidal site）位于奥克尼群岛中部的伊迪岛（Eday），主要利用沃尼斯水道富集的潮流能资源进行大型潮流能机组并网测试。该测试场位于威斯特雷湾和斯特朗赛湾之间的狭窄水道中，此区域拥有非常丰富的潮流能资源，典型的大潮流速能达到4m/s。测试场的8个测试泊位水深为12~50m，同时铺设有海底电缆，可满足不同尺寸和类型的设备测试需求。

表 7.2　奥克尼群岛海域大潮流速表

地　　区	英　文　名　称	大潮流速（m/s）
沃尼斯水道	Fall of Warness	4
霍伊湾（靠近主岛）	Hoy Sound（Mainland）	4
彭特兰湾内海峡	Inner Sound of Pentland Firth	3.5
威斯特雷湾	Westray Firth	3.5
霍伊湾（靠近霍伊岛）	Hoy Sound（Hoy）	3
腊西海峡	Lashy Sound	3
斯特朗赛湾	Stronsay Firth	2

（2）比利亚克罗测试场（Billia Croo Grid-connected wave site）位于奥克尼主岛西部近霍伊湾海域，主要用于大型波浪能机组的并网测试。

（3）沙平赛湾测试场（Shapinsay Sound）位于奥克尼群岛中部的沙平赛湾，用于小型潮流能模型机组的测试，海况较简单。

（4）斯卡帕湾测试场（Scape Flow）位于奥克尼群岛南部的斯卡帕湾，用于小型波浪能模型机组的测试，海况较简单。

（5）卡尔戴尔绿氢中心（Caldale Hydrogen Production Plant）位于伊迪岛，在沃尼斯水道测试场的北部，方便利用沃尼斯水道测试场产生的清洁能源制氢。

2. 欧洲海洋能源中心的测试机组

欧洲海洋能源中心自建成以来，已测试了30多台海洋能发电设备，接待了来自11个国家的20多个海洋能源公司的研究人员，为20多台100kW以上的潮流能机组的测试提供了专业服务，这些机组来自英国、法国、荷兰、爱尔兰、挪威等多个国家，累计功率超10MW。在此测试的多个样机已在其他海域成功完成了商业并网，如西门子·亚特兰蒂斯能源公司（SIMEC Atlantis Energy，SAE）和安德里茨·哈默菲斯特水电公司（Andritz Hydro Hammerfest，AHH）位于彭特兰湾内海峡的梅伊（Mey Gen）1A期项目（见表7.3）。

表 7.3　奥克尼群岛测试场机组表

机组	数目	单机（MW）	类型		状态
沃尼斯水道测试场					
阿蒂尔 1.5MW（ATIR 1.5MW）	2	0.75	H	F	测试中
深绿 100（Deep Gen 1000）	1	1	H	G	测试中
轨道 02（Orbital 02）	2	1	H	F	测试中

续表

机组	数目	单机（MW）	类型		状态
		沃尼斯水道测试场			
托卡多 T2（Tocardo T2）	1	0.25	H	F	测试中
AK1000	2	0.5	H	G	测试完成
AR1000	1	1	H	G	测试完成
阿蒂尔 2MW（ATIR 2MW）	2	1	H	F	测试完成
科尔马特（CoRMaT）	1	0.5	H	F	测试完成
深绿 500（Deep Gen 500）	1	0.5	H	G	测试完成
HS1000	1	1	H	G	测试完成
海潮（Hy Tide）	1	1	H	P	测试完成
空心贯流 20kW（Open Centre 200kW）	1	0.2	H	P	测试完成
SR2000	2	1	H	F	测试完成
SR250	2	0.125	H	F	测试完成
		沙平赛湾测试场			
阿蒂尔 2MW（ATIR 2MW）	2	1	H	F	测试完成
科尔马特（CoRMaT）	1	0.5	H	G	测试完成
弗鲁米尔公司（Flumill）	2	0.3	S	F	测试完成
		梅伊（Mey Gen）项目 1A 期			
HS1500	3	1.5	H	G	商业运行
AR1500	1	1.5	H	G	商业运行

7.1.2 加拿大芬迪海洋能源研究中心

加拿大芬迪海洋能源研究中心（The Fundy Ocean Research Centre for Energy, FORCE）[9] 成立于 2009 年，是一家非营利性海洋能（潮流能和潮汐能）技术研究机构，旨在为工业界和学术界更好地了解产品性能及其对周围生态环境的影响提供支持。加拿大芬迪海洋能源研究中心测试场共有 5 个泊位、4 条海底电缆、1 条数据电缆和 1 个陆上变电站。

1. 地理位置和资源情况

加拿大芬迪海洋能源研究中心测试场位于加拿大新斯科舍省帕尔斯伯罗以西10km的芬迪湾米纳斯海峡。米纳斯海峡宽仅5km，且两侧为玄武岩悬崖，在涨潮中期，水流量约每小时4km^3。每个潮汐周期大约有1600亿t水流经芬迪湾，相当于世界上所有淡水河流量总和的4倍，潮流的表面峰值速度可达5m/s。随着潮汐的到来，大约140亿t海水通过米纳斯海峡流入米纳斯盆地，在巨大的荷载作用下，整个新斯科舍省中部都会发生轻微的倾斜。

2. 具体设施

芬迪湾泊位情况统计表见表7.4。

表7.4 芬迪湾泊位情况统计表

泊位	持有公司	现状
A	米纳斯潮流能源公司（Minas Tidal Limited Partnership）	—
B	加拿大丰杜河运营公司（Rio Fundo Operations Canada Limited）	—
C	加拿大可持续海洋能源公司（Sustainable Marine Energy Canada）	潮起（Pempa'q）项目所在地
D	加拿大大月亮能源公司（Big Moon Power Canada）	夏普角潮流（Cape Sharp Tidal）项目被叫停，加拿大大月亮能源公司接手该泊位，开展空心贯流（Open Center）2MW机组的回收工作
E	德·皮耶特罗能源公司（DP Energy），哈里哥尼亚潮流能源公司（Haligonia Tidal Energy Limited）	速流（Uisce Tapa）项目所在地之一，将安装3台AHH的MK1机组，MK1与HS1500机组类似。该项目另外3台机组的安放位置还未确定

加拿大芬迪海洋能源研究中心提供的公共基础设施和许可证包括：海底电力电缆：安装了4根34.5kV电缆，长11km，总装机容量64MW；变电站：内有30MW变流器和机组轮机观测控制室；电网连接：10km 69kV输电线路，通过变电站连接至省电网；省和国家的测试许可证；加拿大芬迪海洋能源研究中心的现场工作许可证。

3. 测试项目

芬迪湾测试项目统计表见表7.5。2016年11月开放水利公司（Open Hydro，OH）在芬迪湾安装并网了一台空心贯流（Open Centre）2MW潮流能发电机组。由于开放水利公司于2017年面临清算，相关潮流能项目被叫停，之后加拿大大月亮能源公司接手了开放水利公司使用的泊位，计划于2022年完成机组的回收。

表7.5 芬迪湾测试项目统计表

项目	测试时间	机组型号	类型	总装机容量	状态
潮起（Pempa'q）	2016年	普莱特一号（PLAT I 6.40）平台SIT 250机组	HF	3kW×6kW×70kW	运行
夏普角潮流（Cape Sharp Tidal）	2020年	空心贯流（Open Centre）2MW	HG	2MW×2MW	待回收
速流（Uisce Tapa）	2023年	AHH MK1	HG	6MW×1.5MW	计划中

2020 年加拿大可持续海洋能源公司（Sustainable Marine Energy Canada）联合整机商肖特尔水利公司（Schottel Hydro GmbH）在芬迪湾开展潮起（Pempa'q）项目的并网测试。该项目一期工程计划安装并网 3 个额定功率为 420kW 的普莱特一号（PLAT I 6.40）平台，每个平台配有 6 台 70kW 水平轴式机组，总装机容量 1.26MW。

德·皮耶特罗能源公司（DP Energy）和哈里哥尼亚潮流能源公司（Haligonia Tidal Energy Limited）共同策划了潮流能项目速流（Uisce Tapa）。该项目计划在芬迪湾安装由 AHH 提供的 6 台水平轴座底式发电机组，总装机容量 9MW，已于 2020 年完成了工程、场址评估和规划，并于 2021 年布放了一个监测平台。项目预计 2023 年下水第一台机组，2026 年安装第二台机组和第三台机组，剩余机组的安装场址暂未确定。

7.1.3 法国潘波尔·布雷哈特潮流能机组测试场

潘波尔·布雷哈特潮流能机组测试场（Paimpol - Bréhat Tidal Turbine Test Site, PBTTTS）[10] 位于法国布列塔尼海洋能测试区，该区域内另有两个海上风电设备测试场和一个在建的海洋能测试场。该测试场投入使用十年，并与多个海洋能公司和科研团体合作，也是著名的泰格（Tiger）项目的实施地之一。

1. 资源情况

潘波尔·布雷哈特潮流能机组测试场基本信息见表 7.6。

表 7.6　潘波尔·布雷哈特潮流能机组测试场基本信息表

项　目	详　情
地理位置	法国、布列塔尼半岛北部、潘波尔·布雷哈特海岸附近
海域面积	35 000m^2
水深	35~40m
有效波高	8~9m
大潮平均流速	2.4~3.1m/s
中潮平均流速	2.1~2.8m/s
小潮平均流速	1.1~1.5m/s
海床情况	岩石海床

2. 测试项目

开放水利公司为最早与布雷哈特流能机组测试场合作的公司。首台测试机组为阿古埃斯特（L' Arcouest），于 2011 年 8 月完成组装，并运往测试场进行非并网海试。第二台阿古埃斯特机组在现场安装并进行了为期 4 个月的海试（2013 年 12 月至 2014 年 4 月）。2014 年 6 月开放水利公司开展了对空心贯流（Open Center）2MW 的并网测试，并于 2016 年完成了安装工作，但因技术问题导致项目搁浅。2017 年开放水利公司面临清算，该项目被叫停。

2019 年寻海公司（Hydro Quest）的垂直轴式潮流能发电机开始在布雷哈特测试场并网测试。该示范机组总装机容量为 1MW，于 2019 年 6 月向法国电网输出了首度电，在连续运行两年后于 2021 年退役。2022 年布雷哈特测试场迎来米内斯图公司（Minesto）风筝式机组的测试项目（见表 7.7）。

表 7.7　布雷哈特潮测试场项目统计表

项目	测试时间	机组型号	类型	总装机容量	状态
潘波尔·布雷哈特（Paimpol Bréhat）	2016	空心贯流（Open Centre）2MW	HG	2MW×2MW	待回收
寻洋（Qeacon Quest）	2019	寻洋（Qeacon Quest）	VG	4kW×250kW	已回收
泰格·米内斯图（Tiger Minesto）	2022	深绿系列（Deep Green）	K	8MW	计划中

7.2　国外主要潮流能技术利用实例

欧美的发达国家在潮流能发电机组方面的研究处于国际领先地位，其中以水平轴轴流式潮流能发电机组的研究最深入。很多潮流能机组的整机商已经完成了产品并网测试，最大单机容量已达到 1.5MW，有的公司甚至开始潮流能机组的商业运行。

7.2.1　西门子·亚特兰蒂斯能源公司

西门子·亚特兰蒂斯能源公司（SIMEC Atlantis Energy，SAE）总部位于苏格兰爱丁堡，是现今世界上最大的潮流能发电机整机制造商之一，其前身是西门子于 1999 年成立的海洋涡轮机公司（Marine Current Turbines，MCT）。截至 2021 年，SAE 已经设计制造了涅柔斯（NEREUS）、梭伦（SOLON）、AR1000 和 AR1500 等多种潮流能发电机组[11,12]。其中，在梅伊项目 1A 期中安装的 AR1500 是现今已并网发电的单机容量最大的潮流能发电机（单机 1.5MW）。SAE 技术发展路径为条带式-双叶片桩柱式-水平轴三叶片（见图 7.1）。

SAE 最先研发的是适用于浅海区域的条带型机组。第一台小尺寸模型机水电机（Aquanator）5kW 于 2002 年在澳大利亚新南威尔士的克拉伦斯河（Clarence River，New South Wales，Australia）安装测试。2006—2008 年，SAE 又在澳大利亚维多利亚省的圣雷莫测试场（San Remo test site，Victoria，Australia）先后测试了水电机（Aquanator）100kW、涅柔斯（Nereus）150kW 和涅柔斯（Nereus）400kW 3 种机组。不过由于该类机组效率低、性能不稳，在 2010 年之后便很少再有相关研发。圣雷莫测试场于 2015 年关闭，SAE 也将主要的测试地转移到苏格兰地区。

SAE 在测试条带型机组的同时开展了水平轴式发电机组的研发。2003 年 SAE 在英国德文郡林茅斯（Lynmouth，North Devon，UK）安装测试了首台水平轴式潮流能发电机海流（Seaflow）300kW，为变桨距双叶片设计，叶片变桨可达 270° 以实现双向发电。然而，当潮流变向，机组在桩柱下游区运行时，会产生明显的振动问题，大大降低了系统寿命。因此后续设计的海源 S（Sea Gen S）1.2MW 采用了双机组设计，大大减少了桩柱对机组寿命及功率的影响，该机组同样使用了变桨系统以实现双向发电。首台海源 S 1.2MW 于 2008 年在北爱尔兰唐帕特里克的斯特兰福德海峡（Strangford Narrows，Downpatrick，North

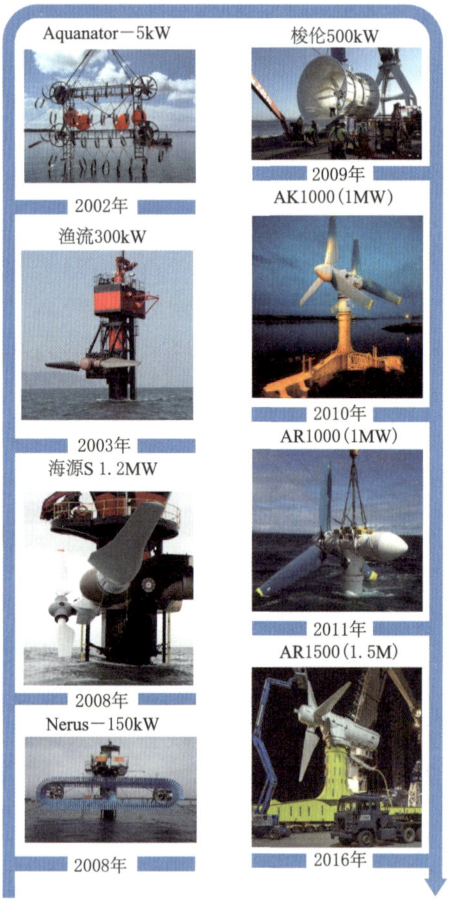

图 7.1　SAE 研发机组进度

Ireland，UK）安装调试。这也是世界上第一台兆瓦级潮流能发电机组。海源 S 1.2MW 采用的固定形式为桩柱式，两个双叶片叶轮安装在立柱的两侧，单机发电功率 600kW，年设计发电量约 0.75GW·h，理论能量转换效率可达 48%，海源 S 自 2009 年并网到 2016 年退役，累计发电量约 10GW·h。

由于 SAE 的水轮机可靠性逐步提升，加上桩柱式固定形式价格昂贵，且桩柱的存在会影响机组的水动力性能，SAE 在海源 S 1.2MW 成功测试后便将研发重心放在了座底式的水平轴式发电机组。AK1000 为 SAE 第一台座底式水平轴式潮流能发电机，于 2011 年在沃尼斯水道测试场安装并网。考虑座底式机组不如桩柱式机组易维护，AK1000 并没有引入复杂的偏航或变桨系统，而是采用前后双机组设计，以实现双向发电，不过这也导致该机组效率低。因此 SAE 在之后研发了可偏航的 AR1000 机组，为座底式固定桨距叶片设计，额定功率 1MW，于 2011 年在沃尼斯水道测试场安装并网。同系列的 AR1500（1.5MW）为现今单机容量最大的潮流能发电机之一，于 2016 年在苏格兰奥克尼群岛的彭特兰湾（Inner Sound of the Pentland Firth，Orkney，Scotland，UK）并网发电，是梅伊 1A 期项目并网的四台发电机组之一[13]。AR1500 叶轮直径 18m，额定转速 14r/min，并设计有变桨和偏航系统。除 AR1500 外，2017 年梅伊 1A 期项目又陆续布放了 3 台 AHH 的 HS1500

潮流能机组。梅伊 1A 期项目于 2018 年建成，总装机容量为 6MW，为世界上最大的阵列潮流能发电项目。截至 2020 年 12 月，梅伊 1A 期项目并网发电量已超过 35GW · h。

SAE 也考虑过贯流式的设计，2009 年在澳大利亚塔斯马尼亚的贝尔湾（Bell Bay, Tasmania, Australia）安装测试了该公司唯一一台贯流式潮流能发电机梭伦（Solon）。梭伦的设计功率为 2MW，但实际功率只有 500kW。在这之后 SAE 便不再运用贯流式的设计[14]。

在众多研发潮流能发电设备的公司中，SAE 是少数几个勇于尝试各种机型和固定形式的公司之一。在研发初期，样机的故障率高，半潜桩柱式的固定形式易于机组的维修，为 SAE 机组早期主要的固定形式。经过多年的优化改进，SAE 公司拥有了更成熟的技术，更经济的座底式基础成为其机组主要的固定形式。总体来说，水平轴三叶片座底式机组是 SAE 公司现阶段的主要产品。

SAE 公司的海源系列最新机组为海源 S（Sea Gen S）2MW（还没有并网记录）。海源 S（Sea Gen S）2MW 机组具体参数见表 7.8，AR 1500 机组具体参数见表 7.9。

表 7.8 海源 S（Sea Gen S）2MW 机组具体参数

水轮机		海源 S 2MW 模拟图	
水轮机数量	2 个		
单机叶片数量	3 个		
叶轮直径	20m		
扫掠面积	$2\times314m^2$		
转速	4~11.5r/min		
传动及发电系统			
齿轮箱	行星型	控制系统	
齿轮箱冷却系统	海水	变桨系统	有，双向发电
刹车系统	液压	偏航系统	无
发电机类型	双馈发电机	固定形式	
发电机额定功率	1MW	类型	桩柱式，单桩
发电机额定电压	690V	运行数据	
发电机冷却系统	海水	切入流速	1m/s
驱动和传动系统总重	60t	额定流速	2.5m/s

表 7.9 AR1500 机组具体参数

水轮机		AR1500 模拟图	
长度	12m	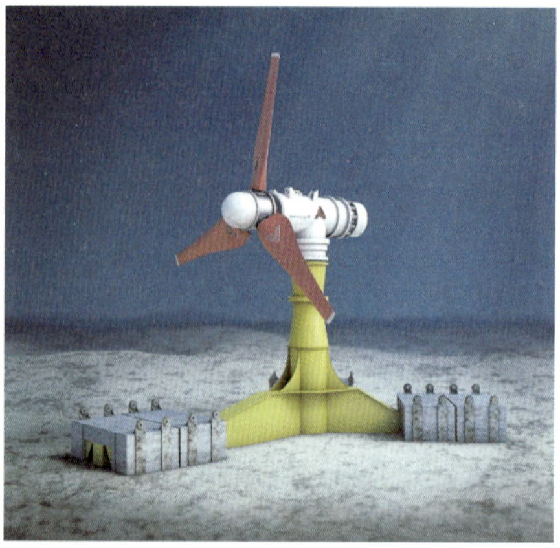	
叶片数量	3 个		
叶轮直径	18m		
轮毂直径	2. 4m		
额定转速	14r/min		
传动及发电系统			
齿轮箱	两级行星型	控制系统	
齿轮箱转速比	1 : 27	变桨系统	有，双向发电
齿轮箱冷却系统	海水	偏航系统	有，双向发电
发电机类型	永磁发电机	固定形式	
发电机额定功率	1. 5MW	类型	座底式
发电机额定电压	4. 16kV	运行数据	
发电机效率	97%	额定流速	3m/s
机组及基础总重	150t	最大流速	5m/s

7. 2. 2 安德里茨 · 哈默菲斯特水电公司

哈默菲斯特 · 斯特罗姆公司（Hammerfest Strom）原是位于挪威的一家潮流能技术开发和设备制造企业。在 2010 年被澳大利亚安德里茨（Andritz）集团收为子公司后，更名为安德里茨 · 哈默菲斯特水电公司（Andritz Hydro Hammerfest，AHH），并将总部搬到了苏格兰的格拉斯哥（Glasgow，Scotland，UK）。和尝试过多种潮流能发电技术的 SAE 不同，AHH 一开始便把工作重心放在了座底式水平轴式潮流能发电机上，其设计并网的第一台发电机 HS300 在 4 年的服役期内运转效率高达 98%[15]。

三叶片的 HS300，其额定功率 300kW，叶轮直径 20m，安装水深 50m，额定流速 1. 5m/s，具备自动变桨功能，可双向发电，座底结构由三个重力基础固定。2003 年首台

HS300 在挪威芬马克郡的克瓦尔松（Kvalsund，Finnmark，Norway）附近海域下水，2004 年并网发电，是世界上第一台并网发电的潮流能发电机。原计划对 HS300 进行为期 3 年的测试，但在稳定运行 4 年后才被收回。经检查，HS300 的状态良好，于 2009 年再次下水发电，最终在 2012 年正式退役。

基于 HS300 的成功经验和丰富的运行数据，2011 年该公司推出了第二代准商用水平轴式潮流能发电机 HS1000。HS1000 的叶轮直径 21m，额定功率 1MW，陆上总重量 800t，座底式基础高 22m，安装水深 52m。2012 年首台 HS1000 在沃尼斯水道测试场并网发电，于 2015 年拆除[16-18]。2013 年 HS1000 发电量共 1GW · h，可满足 250 户人家一年的用电需求。2016 年，AHH 提供了 3 台叶轮直径 18m 的商用潮流能发电机 HS1500（1.5MW）（见表 7.10），同年于苏格兰彭特兰湾（Inner Sound of the Pentland Firth，Scotland，UK）并网发电[13]。

表 7.10 HS1500 机组具体参数

水 轮 机		HS1500 模拟图	
叶片数量	3 个	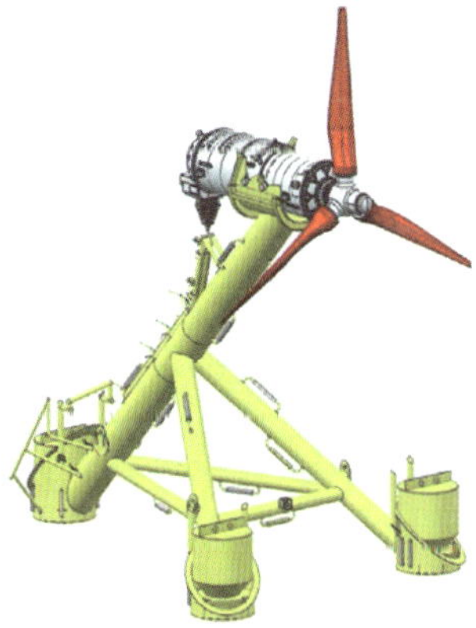	
叶轮直径	18m		
扫掠面积	300m^2		
额定转速	10r/min		
机舱重量	130t	控制系统	
传动及发电系统		变桨系统	有，双向发电
发电机类型	双馈发电机	偏航系统	有，双向发电
发电机额定功率	1500kW	运行数据	
固定形式		额定流速	3m/s
类型	座底式	运行流速	1～4m/s
金属架重量	150t	运行水深	35～100m

7.2.3 萨贝拉公司

萨贝拉公司（Sabella）是一家总部位于法国坎佩尔（Quimper，Brittany，France）的潮流能装置研发公司。2008 年，萨贝拉公司（Sabella）在法国布列塔尼大区的奥德斯特河口（Odst estuary，Brittany，France）测试了第一台潮流能发电机组 D03。D03 的叶轮有 6 个叶片，直径 3m，叶片外部由环状结构固定，总重量 7t，额定发电功率 30kW，安装在水下 25m 处，固定形式为座底式，测试期一年[19]。萨贝拉公司机组的技术路线图见图 7.2。

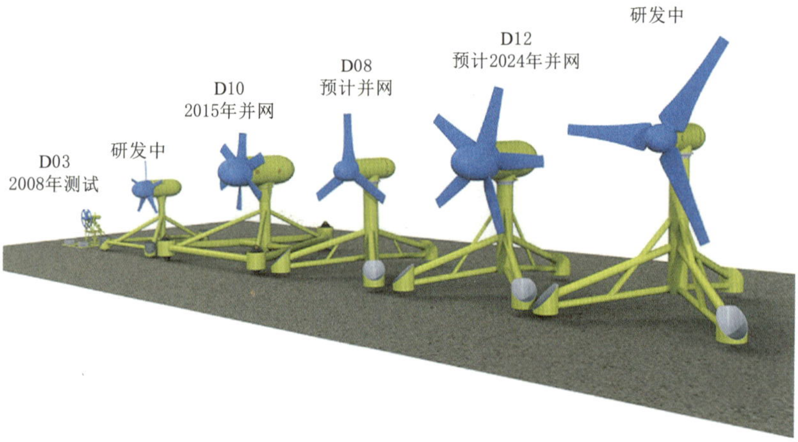

图 7.2 萨贝拉公司机组的技术路线图[20]

2015 年 6 月，萨贝拉公司在法国布列塔尼大区的乌尚特岛（Ushant Island，Brittany，France）附近水域（深约 55m）安装了额定功率 1MW 的潮流能发电装置 D10。同年 11 月，D10 并网运行，是第一台并入法国电网发电的潮流能发电机，也是萨贝拉公司首台并网测试的潮流能发电装置。在 2015 年 11 月至 2016 年 3 月的测试运行期间，D10 的总发电量是 70MW·h，最大功率却只有 400kW，远低于设计功率。同时 D10 在海上安装作业时，即便有三艘工程船的协助，仍然出现了稳定性方面的问题，导致部分连接电缆损坏。为避免再次出现这样的问题，萨贝拉公司研究设计了一种新型电缆连接器，并重新规划装置的布放方案，如将 D10 的基础与涡轮机分开，依次放置到水底。

D10 的设计结构简单，整机长 20m、宽 20m、高 17m，水轮机是六叶片水平轴式，无变桨系统和偏航系统，保留了 D03 的六叶片结构设计，但去掉了叶轮外沿固定环。D10 采用永磁直驱同步发电机，固定形式为座底式[21,22]（见表 7.11）。D10 的组装工作都在岸上完成，布放时，机组整体吊装放入海底，回收时只回收叶轮发电机组部分，放弃座底式基础。

2019 年，潮流能项目泰格（Tiger）开始实施，萨贝拉公司借此机会与莫尔比昂水利能源公司（Morbihan Hydro Energies）合作，预计于 2022 年在莫尔比昂湾（Golfe du Morbihan）设计、建造和布放两台 D8（250kW）潮流能发电机组。同时，萨贝拉公司计划于 2024 年在乌尚特岛附近海域安装两台 D12 潮流能发电机组，不过具体设计细节尚未确定。

表 7.11 D10 机组具体参数

水轮机		D10 模拟图	
叶片数量	6 个	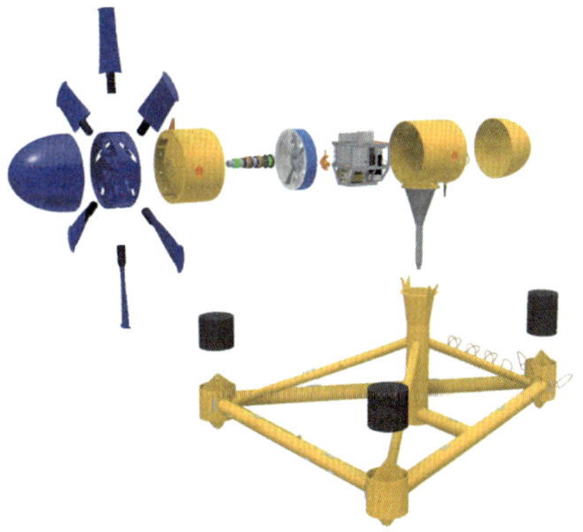	
叶轮直径	10m		
转速	5~20r/min		
传动及发电系统			
发电机类型	永磁发电机		
发电机额定功率	1MW	控制系统	
传动链类型	直驱	变桨系统	无
固定形式		偏航系统	无
类型	座底式	运行数据	
总重	450t	额定流速	4m/s

7.2.4 轨道海洋动力公司

轨道海洋动力公司（Orbital Marine Power，OMP）的前身为苏格兰可再生潮流能公司（Scotrenewables Tidal Power Ltd.），致力于漂浮式潮流能发电平台的研发，至今已开发了SR250、SR2000（SR1-2000）和轨道 O2（Orbital O2 或 SR2-2000）3 个同系列的潮流能发电平台。

2012 年 OMP 的第一台样机 SR250 在苏格兰沃尼斯水道测试场测试并网。该机组采用了水平轴定桨距双叶片的设计形式，发电功率 250kW。机组平台长约 33m，两边各悬挂 1 个 125kW 的可升降涡轮机，叶轮直径 16m，额定流速 1.8m/s。系统采用锚链固定，可实现自动换向。SR250 已于 2013 年退役[23]，累计发电量约 4000h，能量转换率达到 43%。

2016 年 OMP 发布了总长 63m、重约 500t 的 SR2000 潮流能发电平台。其涡轮机叶轮直径 32m，额定流速 1.8m/s。该平台拥有涡轮机升降系统，可实现自动换向。2016 年首台 SR2000（2MW）商业样机在沃尼斯水道测试场成功并网。2018 年，为了给新一代潮流能平台轨道 O2（Orbital O2）提供测试场所，SR2000 被拆除[24]。SR2000 在 2m 波高的环境下额定发电功率为 2MW，24h 的连续发电量可达 18MW·h，和目前海上风机的发电量相当。虽然 SR2000 的设计最大波高为 4m，但实际服役时，机组在 7m 波高下仍能稳定发电。

在 SR2000 取得成功后，2020 年 OMP 开始研制轨道 O2（Orbital O2）2MW 潮流能发电平台，并于 2021 年在沃尼斯水道测试场并网发电。平台在系泊负荷减震器、共位储能设计和环境监测等方面进行了全新设计，发电机也进行了多项技术创新。水轮机可覆盖水下 600m^2 的区域，巨型叶片能够在涨落潮期间双向发电并由海底电缆将电力回传至岸上，后续的机组抬升和维护工作也相当轻松，只需通过铰链让涡轮机浮上水面即可展开简单的检查和维护工作，而无须动用任何潜水装备。理论上，轨道 O2 可满足 2000 户英国家庭的用电需求，每年减少碳排放量 2200t。轨道 O2（Orbital O2）平台具体参数见表 7.12。

表 7.12　轨道 O2（Orbital O2）平台具体参数

轨道 O2 模拟图

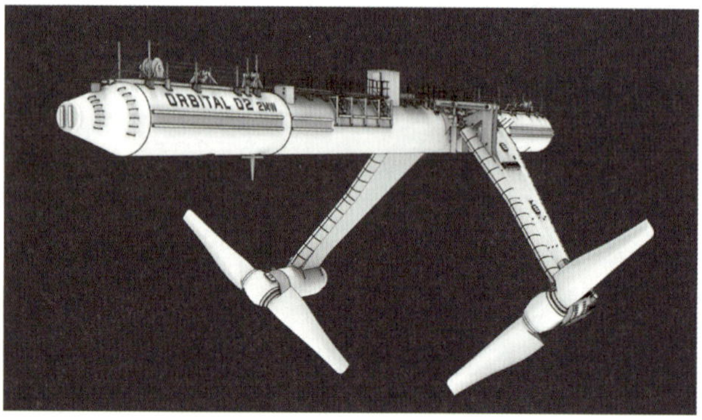

传动及发电系统		水　轮　机	
齿轮箱	行星型	水轮机数量	2 个
齿轮箱冷却系统	海水	单机叶片数量	2 个
发电机类型	双馈发电机	叶轮直径	22m
发电机额定功率	1MW	扫掠面积	2×380m^2
发电机额定电压	690V	最大转速	15r/min
发电机冷却系统	海水	叶尖水深	3. 2~25. 2m
平台总重	600t	控制系统	
漂浮平台		变桨系统	有，双向发电
总长	80m	偏航系统	无
主体直径	3. 8m	运行数据	
出水高度	1. 5m	切入和切出流速	1m/s 和 4. 5m/s
吃水深度	2. 3m	额定流速	2. 5m/s

7. 2. 5　麦哲伦可再生能源公司

西班牙麦哲伦可再生能源公司（Magallanes Renovables，MR）成立于 2007 年，致力于漂浮式潮流能平台的研发[25]。2011 年该公司建造完成了首台 1∶10 尺寸的阿蒂尔（ATIR）模型机，次年在西班牙雷东德拉（Redondela，Spain）进行了干船坞测试，然后在西班牙维哥市（Vigo，Spain）和防波堤（Mino River，A Guarda，Spain）两个地方进行了海试。2014 年 11 月，该模型机转移到 EMEC 位于苏格兰奥克尼群岛的沙平赛海峡（Shapinsay sound，Orkney，Scotland，UK）测试场进行海试。2015 年该公司完成了阿蒂尔（ATIR）模型机的最终测试，海试项目主要有适航性、稳定性和转子性能的测试，以及极端条件分析和锚固系统分析，同时还测试了电气电子系统，其中包括电力的调节和储存。

麦哲伦可再生能源公司基于模型机的测试数据，在西班牙比戈市（Vigo，Spain）制造并测试了其第二代阿蒂尔（ATIR）2MW 潮流能发电平台。2018 年 9 月，该公司将第二代阿蒂尔（ATIR）平台运输到沃尼斯水道测试场。2019 年 2 月，第二代阿蒂尔（ATIR）平台完成安装，同年 3 月 2 日实现并网发电。2020 年麦哲伦可再生能源公司将第二代阿蒂尔（ATIR）暂时从 EMEC 测试场迁移至位于爱丁堡的码头，对机组进行了优化和维护。2021 年 4 月 19 日，公司又将第二代阿蒂尔（ATIR）潮流能发电平台布放到 EMEC 测试场进行运行测试。

阿蒂尔（ATIR）潮流能发电平台长度 45m、宽约 6m。整个平台主要分为三个部分，即上部的船体、中间竖直的桅杆和下部的机舱。阿蒂尔潮流能发电平台具体参数见表 7.13。

表 7.13　阿蒂尔（ATIR）2MW 平台具体参数

阿蒂尔模拟图

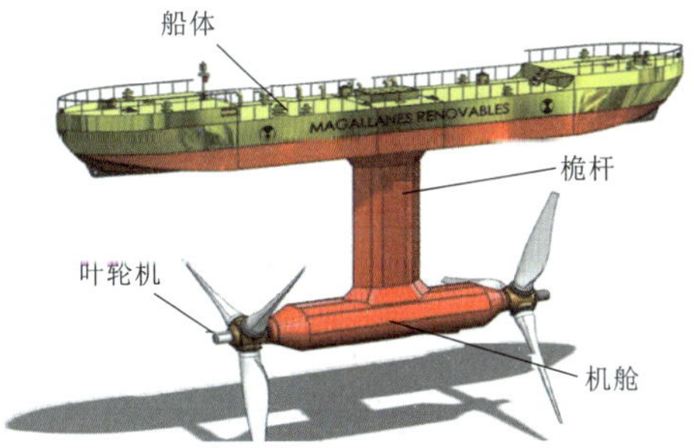

水轮机		漂浮平台	
水轮机数量	2 个	平台长度	45m
单机叶片数量	3 个	平台高度	4.6m
叶轮直径	19m	叶尖深度	4.4~23.4m
轮毂直径	3m	吃水深度	1.9m
传动及发电系统		**控制系统**	
发电机额定功率	1MW	变桨系统	有，双向发电
		偏航系统	无

平台船体上半部分露出水面，方便维修人员活动。船体首尾有两条金属链，由 4 根重力锚系泊在海床上。船体内部主要有三个机室，其中一个机室安装有泵和应急电源，其他两个机室则安装变压器、转换器、制动设备、高压开关柜及电子电气系统。此外，船体两端还有两个隔间，安装调节吃水深度的压载系统。船体中间还有一个小区域，用来安放润

滑系统、处理舱底污水。桅杆将上部船体和下部机舱刚性连接起来，其内部安放了通信电缆和低压电缆，还有润滑系统和排水系统。下部机舱比船体尺寸小得多，机舱的两端各安装一台单机功率约 1MW 的涡轮发电机，其主轴、滚珠轴承、齿轮箱以及发电机等传动和发电部件都包裹在机舱内部。

7.2.6 米内斯图公司

风筝式潮流能发电装置在最近几年发展迅速，虽然没有兆瓦级别的设备，但瑞典米内斯图公司（Minesto）是开发风筝式潮流能发电机的代表公司之一。米内斯图公司拥有名为深绿（Deep Green）的风筝式潮流能发电机，可以利用低流速的潮流或洋流发电，发电机由水下风筝和小型水轮机组成。整个装置由系泊结构固定在海床上。发电时，风筝会在水中以 8 字形轨迹运行，扫掠宽度达 100~140m。

米内斯图公司的测试及并网地点在英国威尔士安格尔西岛附近的霍利黑德渊（Holyhead Deep，Anglesey，Wales，UK）。该处水深 80~100m，平均峰值流速低于 2m/s。2018 年米内斯图公司在深渊南角对 DG500 型发电机开展了测试，并于同年 11 月完成回收。DG500 的翼展 12m，宽 3.3m，重量为 10~16t，额定发电功率为 500kW。2019 年在升级为增强型的 PTO 系统后，DG500 在霍利黑德渊投入使用。

2020 年米内斯图公司在丹麦法罗群岛韦斯特曼海峡（Vestmannasund，Faroe Islands，Denmark）安装了一台 DG100（100kW）风筝式潮流能发电机，并于 2020 年 12 月成功向法罗电网输送电力。DG100 机组具体参数见表 7.14。

表 7.14 DG100 机组具体参数

DG100 模拟图

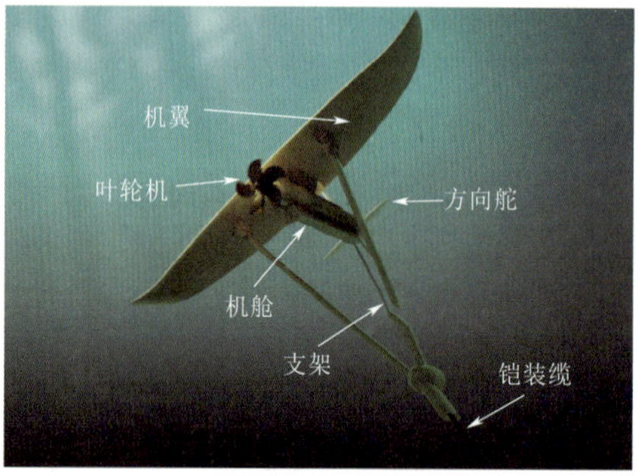

机组参数		运行参数	
翼展	5m	运行流速	1.2~2.5m/s
重量	2t	轨道宽度	40m
机组叶片数量	3 个	轨道高度	17m
额定功率	100kW	安装水深	>50m

2021 年 DG100 完成升级改造，进一步提高了机组的最大发电功率。挪威船级社（DNV）对该机组的运行稳定性和发电量进行了第三方验证。米内斯图公司获得了大量有价值的 DG100 运行数据，为后续研发和改造升级奠定了基础。

2022年米内斯图公司资助了霍利黑德渊第二代公用事业规模化设备的设计、建设和运营，计划在霍利黑德渊安装80MW的DG500，但至今没有关于其安装或并网的消息[26]。此外，米内斯图公司还在努力获得许可，以便在法国潘波尔·布雷哈特潮流能测试场（PBTTTS）布置1台100kW的发电设备（隶属泰格项目）。该项目计划在2022年第二季度进行。2016年米内斯图公司便与中国台湾国立海洋大学开展合作，计划在亚洲发展潮流能项目。与水平轴式潮流能发电机相比，风筝式潮流能发电机更适合深海低流速地区，但DG500自测试后并未得到并网的消息，由此可推测大功率风筝型潮流发电机的商业化应用还需要一段时间[27]。

7.2.7 开放水利公司

爱尔兰开放水利公司（Open Hydro，OH）一直专注于空心贯流结构潮流能发电机的研发和商业化运用。2005年爱尔兰开放水利公司成立于都柏林，2006年便发布了名为空心贯流（Open Centre）的潮流能发电机。该类机组没有转轴，有独特的转子，叶轮采用多叶片格栅式设计，有一个开放的中心，允许水自由通过设备。250kW空心贯流涡轮机的转子直径6m，启动转速低，速度通常为3~10r/min，最大转子速度为14r/min。水轮机安置在桩柱上，通过2台15t的液压机完成升降，以减少测试、维护成本。2008年首台空心贯流潮流能发电机在EMEC奥克尼测试场并网发电，是苏格兰地区第一台并网发电的潮流能设备。2014年下水的第七代空心贯流已稳定运行超10 000h[28,29]。

2009年爱尔兰开放水利公司发布了额定功率1MW的空心贯流机组。2013年法国DC-NS集团控股了爱尔兰开放水利公司后研发了空心贯流2MW潮流能机组并于2015年完成了两台机组的制造并计划在法国潘波尔·布雷哈特潮流能机组测试场（PBTTTS）并网。2016年两台机组吊装下水，但先后由于故障未能成功并网，并于2017年因腐蚀严重被拆除[30]。2016年OH在加拿大的FORCE测试场成功安装并网了一台2MW的空心贯流（见表7.15）。2018年，由于OH母公司海军能源集团（Naval Energies）切断投资，该公司名下的已有项目被叫停，OH宣告破产。

表7.15 空心贯流（Open-Centre）机组具体参数

<table>
<tr><th colspan="2">水 轮 机</th><th colspan="2">空心贯流机组模拟图</th></tr>
<tr><td>叶片数量</td><td>10个</td><td colspan="2" rowspan="4"></td></tr>
<tr><td>叶轮直径</td><td>16m</td></tr>
<tr><td colspan="2">传动及发电系统</td></tr>
<tr><td>发电机类型</td><td>永磁发电机</td></tr>
<tr><td>发电机额定功率</td><td>2MW</td><td colspan="2">固定形式</td></tr>
<tr><td>传动链类型</td><td>直驱</td><td>类型</td><td>座底式</td></tr>
</table>

以上大部分公司有已经并网的兆瓦级潮流能发电机。其中，英国的西门子·亚特兰蒂斯能源公司尝试过不同种类的发电机的研发，如今主要产品为 AR 系列的座底式三叶片水平轴式潮流能发电机。同类型的大容量发电机组还有来自挪威安德里茨·哈默菲斯特水电公司的 HS 系列。AR1500 和 HS1500 是现今已并网单机功率最大的潮流能发电机组。而来自法国的潮流能装置公司萨贝拉则偏向于多叶片的座底式水平轴发电机。英国的轨道海洋动力公司和西班牙的麦哲伦可再生能源公司的研发重心则一直是漂浮式潮流能发电平台。两个公司所并网的最大功率发电平台均已经超过 1MW。其中，轨道海洋动力公司采用的是两个水平轴双叶片水轮机，分布在平台两侧水下，而麦哲伦可再生能源公司则把两个水轮机前后反向排开。瑞典的米内斯图公司的主要产品为 DG 系列风筝式潮流能发电机，该类机器适合深海低流速区域。爱尔兰开放水利公司的空心贯流潮流能发电机则有独特的无转轴结构。

7.3 国内主要潮流能技术利用实例

我国潮流能开发利用研究始于 20 世纪 80 年代。近年来，在国家科技计划和专项资金等的支持下，国内潮流能技术得到了快速发展，海上测试场已在开发中，许多潮流能技术装置已经完成公海测试试验，有一些已应用于偏远岛屿。国内的潮流能发电装置主要有水平轴和垂直轴两类，其中采用水平轴水轮机的项目占 43%，采用垂直轴水轮机的项目占 33%[6]。

国内水平轴式潮流能发电装置的研发以浙江大学、中国海洋大学、东北师范大学、哈尔滨工程大学、国电联合动力、哈电集团哈尔滨电机厂有限责任公司（简称哈电电机）等高校和企业为代表。截至 2020 年，水平轴式潮流能发电机组已开发 20 余个，其中单机容量较大的机组是浙江大学研制的 650kW 机组（2017 年 11 月下海并网测试）和哈电电机研制的 600kW 潮流能机组（2019 年 9 月海试）。2022 年 2 月，LHD 1.6MW 水平轴式潮流能发电机组“奋进号”在舟山岱山秀山岛海域启动下海，是目前为止世界上单机容量最大的潮流能发电机组。垂直轴式潮流能发电机组在浅水区或者狭窄且深的水道中有很大应用优势。国内垂直轴式潮流能发电装置的研发起步较早，但装置较少，研发单位有哈尔滨工程大学、大连理工大学和 LHD。2016 年以前中国开发了 8 个垂直轴式潮流能发电机组，其中最大单机装机容量仅 300kW，最小单机容量 15kW[31]。2016 年 7 月，LHD 的模块化潮流能发电平台首期 1MW 垂直轴式潮流能发电机组顺利下海发电，将中国垂直轴式潮流能发电装置提升至兆瓦级。此外，部分装置对叶轮形式和形状进行了创新改造，如中国海洋大学开展的柔性叶片潮流能发电装置研发，上海交通大学开展的变几何水轮机发电装置研制等[32,33]。

7.3.1 哈尔滨工程大学

哈尔滨工程大学从 1982 年至今一直从事潮流能利用理论的研究和技术开发，已经形成了稳定的学科方向和学术团队。1982 年开始进行垂直轴水轮机的理论和试验研究，1985 年开始了发电技术基础研究，1989 年成功完成了 1kW 河流发电装置试验，1990 年开始海上潮流能发电系统的技术研究，已完成的科研成果有以下几个。

1. “万向”系列潮流能发电装置

“万向Ⅰ”70kW潮流能实验电站（1996—2002年）是我国第一座漂浮式潮流能发电装置，由国家“九五”科技攻关项目和万向集团支持，建于浙江省岱山县龟山水道，采用垂直轴双转子摆线式可变距直叶片水轮机技术。该电站装置采用液压调速，将机械能转换为稳定的压力能和稳定的转动输出，带动发电机工作，实现发电系统的50Hz稳频稳压，并具有蓄电池充电控制、并网控制和相关的保护功能。它采用漂浮载体（18m×9m×2.2m）承载，系泊系统由4根重力锚链组成，摆线式水轮机的直径为2.2m，宽度为2.5m，额定流速为3.5m/s，获能系数为0.26，潮流流速为2.5m/s时发电功率可达25kW[31]。

“万向Ⅱ”40kW座底式潮流能独立发电装置（2003—2005年）是我国第一座座底式潮流能发电站。研发项目由国家“十五”863计划支持，建于浙江省岱山县对港山水道。“万向Ⅱ”装置采用了双转子可调角直叶片变桨式垂直轴水轮机技术，带有导流罩，发出的电力供仙洲桥灯塔照明使用。其外形尺寸为7.6m×7.6m×5m，电站重量为61.7t，垂直轴水轮机的尺寸为直径2.5m，宽度2.5m，叶片数量为2×3（个），额定流速2.5m/s，获能系数0.35[31,33]。

2. “海明Ⅰ”号10kW座底式水平轴潮流能独立发电装置

“海明Ⅰ”号10kW座底式水平轴定桨距直驱式潮流能独立发电装置（见图7.3）（2008—2011年）于2011年9月23日投放在岱山县小门头水道，机组为底座式水平轴潮流能发电装置。座底结构主要由六边形框架和三脚底座两部分组成，其中六边形框架可以垂直运动，便于发电装置的安装和维护。“海明Ⅰ”号为仙舟桥“海上生明月”灯塔照明和供热，至2012年4月已连续运行6个月，累计发电量12 859kW·h。该系统装机容量10kW，叶轮直径分为两种，有导流罩型叶轮直径2m和无导流罩型叶轮直径2.5m，额定流速2m/s，自适应180°双向发电，系统输出三相400V/50Hz，带导流罩型和无导流罩型能量转换效率分别为78%和34.5%，外形尺寸9.0m×7.5m×6.5m，结构重量20t[31,37]。

图7.3　“海明Ⅰ”号10kW座底式水平轴潮流能独立发电装置[35]

3. “海能”系列潮流能发电装置

在科技部“支撑计划”支持下研发的“海能Ⅰ”2×150kW潮流能发电装置（见图7.4）（2008—2012年）建于浙江省岱山县龟山水道，两台潮流能机组独立发电，通过海底电缆为官山岛提供电力。电站载体平台为双体船漂浮式结构，双体船载体长24m、宽13.9m、深3.0m；由弹性系泊系统定位，系泊系统适应潮差4m、4组锚链长992m；立轴

图 7.4 “海能Ⅰ”2×150kW 潮流能发电装置[35]

自调角直叶水轮机叶轮直径 4m、叶片数量 2×4（个）；立式低速永磁交流发电机 2 台，单机额定功率 150kW；系统输出三相 400V/50Hz；海底电缆长度 350m。发电方式为定桨距叶轮直驱发电，额定流速 2m/s，水轮发电机组、电能变换及保护设备安装于海上电站载体平台上，发出的电力通过海底电缆上岸接入官山岛岸上独立电力系统，控制设备及演示系统置于海岛上的变配电控制室内，设置电站远程监测系统，在官山岛（偏远海岛）和岱山县高亭镇（城市）进行电站的运行监控，2012 年测得系统能量转换效率大于 30%[31]。

哈尔滨工程大学与中海油研究总院联合研制的“海能Ⅱ”2×100kW 潮流能发电装置（见图 7.5）（2010—2013 年）采用漂浮式水平轴叶轮直驱低速发电机技术方案，载体由 4 组高弹性系泊系统固定于海床上，2 个立柱下端分别安装 2 台水平轴式双叶片变桨发电机组。该装置的叶轮直径 12m，叶片可变桨控制适应双向潮流，叶轮直驱超低转速发电机运行，设计额定流速 1.7m/s，能量转换效率 34%。叶片采用变桨距叶轮，发电方案为直驱发电。该方案是根据电站安装海域（青岛市斋堂岛水道）环境设计的。发电机组由单桩（基础）、水轮机（叶轮、轴系）、增速器、发电机及其支撑结构等组成，是一种适应低流速的较大功率潮流能发电装置。2013 年 6 月，电站敷设了 1km 海底电缆，潮流能装置发出的电力通过海缆送电上岸接入斋堂岛中央控制室，并入 500kW 直流母线[6,31]。

图 7.5 “海能Ⅱ”2×100kW 潮流能发电装置[35]

哈尔滨工程大学与中海油研究总院联合研制的“海能Ⅲ”2×300kW 潮流能发电装置（见图 7.6）（2010—2013 年）于 2013 年 8 月底完成了海上安装。“海能Ⅲ”采用漂浮式垂直轴十字形水轮机，通过变速器驱动发电机来发电。载体由 4 组高弹性系泊系统固定在海床上，拥有 2 台水轮发电机组。叶轮直径 6m，发电机转速 350r/min，设计额定流速 3.0m/s。潮流能发电装置发出的电力通过 0.5km 海底电缆送电上岸接入岸上控制室，采用独立电网，2013 年 12 月在岱山海域开展 1 年海试和示范运行。2015 年 8 月，“海能Ⅲ”垂直轴式潮流能发电装置发电时长累计超过 20 个月，发电量达 6880kW · h，适应潮差 4.5m，能抵抗 12 级台风和 4m 浪高，2017 年通过验收[6]。

（a）“海能Ⅲ”潮流能发电平台

（b）“海能Ⅲ”潮流能发电平台吊装中

图 7.6　“海能Ⅲ”2×300kW 潮流能发电装置[36]

7.3.2　浙江大学

通过长期从事潮流能发电技术的研究，浙江大学目前已成功研制 5kW、25kW、30kW、120kW、300kW 和 650kW 系列潮流能发电机组（见图 7.7、图 7.8）。2005 年浙江大学进行了功率 5kW 的固定式水平轴螺旋桨式潮流能发电装置样机研制，并于 2006 年 4 月在浙江省岱山进行了海试。样机采用定桨距的功率控制方式，通过重力式的安装方式固定于支撑结构上，转子直径 2m，在 2m/s 流速下，转速 50r/min，在 1.7m/s 左右的流速下最大发电功率达到 2kW[31]。

（a）5kW机械传动机组

（b）30kW半直驱机组

（c）25kW液压机组

（d）60kW半直驱机组

图 7.7　浙江大学研制的潮流能发电机组样机（一）

（e）120kW液压变桨半直驱机组　　（f）300kW机组

图 7.7　浙江大学研制的潮流能发电机组样机（二）

（a）650kW机组　　（b）潮流能测试电站

图 7.8　浙江大学的 650kW 水平轴式潮流能发电机组和潮流能测试电站

2008 年浙江大学又开展了 30kW 半直驱以及 25kW 液压传动式潮流能发电机组的研究，水轮机设计的叶片长 2.2m，设计流速 2m/s，转速 45r/min[39]，并于 2009 年 5 月在岱山进行了海试。2010 年浙江大学开始研制功率 60kW 的半直驱式水平轴潮流能发电装置样机，2014 年 5 月，该机组在舟山摘箬山岛海域完成了海试，发电功率达到 31.5kW，能量转换效率为 37.1%[32,40]。2015 年浙江大学进一步研制了 120kW 水平轴式半直驱液压变桨潮流能样机，于 2015 年 5 月下海并网发电[41]。该机组在狭长的轮毂空间内实现了大驱动力液压变桨，是国际首例，在可靠性和获能效率方面取得了新突破。

2013 年浙江大学与国电联合动力技术有限公司签订合作开发协议，在潮流能发电装备的能量捕获、流体传动、产品试验等技术领域深入合作，联合开展潮流能发电技术研发工作，浙江大学提供相关技术服务，双方共同完成了“2×300kW 潮流能发电装置样机产品化设计与制造”项目，机组于 2014 年 5 月成功进行了海试，累计发电量超过 2.5 万 kW·h。以该样机技术为基础，国电联合动力技术有限公司研发了 300kW 电气变桨潮流能机组，2018 年 3 月机组在浙江舟山摘箬山岛完成了安装和并网。机组稳定运行 5 个月后，累计发电量超过 19 万 kW·h，月平均可利用小时数 167h，在此期间还经受住了 15 级台风“玛莉亚”的考验。300kW 潮流能发电机组采用了两叶片、270°变桨技术、水平轴式半直驱传动和漂浮式基础，机组设计启动流速为 0.5m/s，额定流速为 2m/s，扫流面积为 0.82m^2，整机效率可达 40%，机组重量为 0.107t/kW，在技术指标、首创技术和性能方面均为国际领先水平。

2017 年 11 月，浙江大学研制的 650kW 水平轴式潮流能装置进行海试，该装置是中国目前单机容量最大的潮流能机组，叶轮转速 15r/min，设计启动流速 0.7m/s，额定流速 2.5m/s，设计获能系数 0.4，采用漂浮式基础，机组于 2017 年并入国家电网[42]。

7.3.3 中国海洋大学

2008 年中国海洋大学和机械科学研究总院共同研制出垂直轴柔性叶片的潮流能发电装置（见图 7.9）。

图 7.9　柔性叶片水轮机发电装置[43]

柔性叶片水轮机的基本原理类似帆翼，叶片为三角形结构，采用高分子薄膜材料、帆布等柔性材料直接剪裁制作成形，制作简单，安装方便，易于维护、保养和更换，特别是当作较大装机容量水轮机时，柔性叶片在加工、运输、维护等方面有较大优势，同时柔性叶片具有重量轻、造价低、耐腐蚀的独特优点；在性能上，柔性叶片水轮机具有单向旋转特性，其转向不受来流方向影响，仅与叶片安装方向有关；水轮机起转流速低，在水槽实验中，流速为 0.3m/s 时转子可很好地起转；在海上样机实验中，流速为 0.5m/s 时已开始较稳定地发出电能，具有良好的发展前景。2008 年 12 月，该装置在青岛胶南斋堂岛成功进行海试，设计功率为 5kW，流速为 1.7m/s 时，发电功率可达 3.2kW，获能系数 0.28，采用双浮体升降式结构，水轮机可自由升降以方便检修。

此外，中国海洋大学研制了“海远号”50kW 座底式水平轴变桨距潮流能发电装置（见图 7.10），水轮机直径 10.5m，启动流速 0.9m/s，最大流速达 2.5m/s。2013 年 8 月，该装置在斋堂岛海域进行海试。

7.3.4 东北师范大学

2005 年东北师范大学研制出了发电功率 1kW 的小型漂浮式水平轴潮流能发电装置。此发电装置将发电机固定在渔船上，通过软轴与水轮机连接发电［见图 7.11(a)］。

图 7.10 “海远号”座底式水平轴潮流能发电装置[43]

(a) 1kW水平漂浮式水平轴

(b) 2kW直驱式水平轴

(c) 20kW座底塔式自变距水平轴潮流能发电装置

图 7.11 东北师范大学研制的潮流能发电装置[43]

2009 年东北师范大学完成了 863 项目海流表层发电核心技术，研制了发电功率 2kW 的直驱式水平轴潮流能发电装置［见图 7.11(b)］，该装置启动流速 0.25m/s，安装于水深 30m 下，并通过试验验证了水下电机密封技术和直驱式低流速发电装置的可行性。

2013 年又研建了中国首个发电功率 20kW 的座底塔式自变距水平轴潮流能发电装置［见图 7.11(c)］，该装置包括 4 个直径为 5m 的涡轮叶片，启动流速 0.7m/s，设计流速 2.1m/s，额定转速 40r/min[44]。这项研究攻克了直驱式水下发电机封管技术、水润滑轴承、自动对向技术等难题，具有良好的环境适应性和运行可靠性。该装置在设计上能够适应我国海域潮流高流速时间短、平均流速较低（0.5~2m/s）等环境。

7.3.5　浙江舟山联合动能新能源开发有限公司

2013 年浙江舟山联合动能新能源开发有限公司（LHD）在海洋能专项资金支持下成功研制了 LHD-L-1000 林东模块化大型海洋潮流能发电平台。2016 年 7 月，LHD 林东模块化潮流能发电平台首期装机容量 1MW 机组在舟山岱山正式下海[45,46]，额定流速 1m/s。该机组是我国自主研发的第一台装机功率最大的潮流能示范发电机组。机组安装成功后在海上试运行了 5 个多月，并网后再次试运行了 4 个多月，累计发电量达到 17 万 kW·h，上网电量约 1 万 kW·h。因其发电稳定、大功率发电以及可以实现并入电网，同年 8 月成功并入华东电网。自 2017 年 5 月起，该机组实现了全天发电及并网运行，截至 2022 年 4 月，该机组已连续并网运行 57 个月，累计向国家电网输送电量超过 167 万 kW·h，连续发电并网运行时间保持全球第一。

2018 年 11 月 29 日，LHD 第二代 0.4MW 潮流能机组下海，该总成平台投运装机达 1.4MW；2018 年 12 月 29 日，LHD 第三代 0.3MW 潮流能机组下海，该总成平台投运装机达 1.7MW，科技水平和装机规模位居世界前列，解决了 1200 多户沿海居民的用电问题。该项目采用小功率水轮机和大功率发电系统的技术，有效降低了安装、运行和维修成本，同时可以在一定程度上规避投资风险。

2022 年 2 月，目前世界上最大的 LHD 第四代单机容量 1.6MW 潮流能机组“奋进号”在舟山岱山秀山岛海域启动下海，标志着由我国自主研发的世界级首座海洋潮流能发电机出现，至此 LHD 潮流能发电工程总装机容量达到 3.3MW。

7.3.6　哈电集团哈尔滨电机厂有限责任公司

2010 年哈电集团哈尔滨电机厂有限责任公司（简称哈电电机）与国家海洋局签订了海洋可再生能源专项资金项目“600kW 海底式潮流能发电整机制造”，主要目标是通过专项资金支持，提高我国潮流能发电系统关键设备和整机制造的技术水平和生产能力，实现 600kW 海底式潮流能发电整机的国产化生产。哈电电机通过一系列科研创新，成功突破了潮流能机组的研制难关。2019 年 7 月 17 日，哈电电机承载 600kW 潮流能发电机组的海洋能试验平台（双体船）成功上水，这个长 45m、宽近 20m 的平台的设计排水量超过 400t，是国内最大的海洋能单体试验平台，为机组后续海试取得成功提供了坚强保障。同年 9 月 9 日，哈电电机 600kW 潮流能发电机组在浙江舟山摘箬山海域开展海试，经现场示范运行，该机组能量转换效率达 37%，启动流速仅 0.51m/s，均达到国内领先水平。2020 年初，机组通过专家组验收，标志着我国单机容量 600kW 的潮流能发电机组制造成功。我国潮流能发电机组研制水平迈上新台阶。

我国主要的潮流能技术发电系统和装置大部分处于样机海试阶段，这些潮流能发电样机主要存在以下问题：海试运行时间短，发电效率不高，装置易损坏，表明国内潮流能装置在实际海况下运行的可靠性、稳定性等方面的技术有待进一步突破和提高[47]。为降低海试风险，潮流能发电装置在海试之前，通常需要开展较长时间的实验室测试。中国很多海洋能技术研发机构进入该领域时间较晚，理论基础及海洋工程等方面的经验不足，日常维护工作量大，导致研发成本增加，工程进展较慢。此外，目前国内自主研发的潮流能发电装置中，单机功率超过 100kW 的很少，示范应用规模通常在百千瓦级，远低于国际上的兆瓦级水平。除浙江大学 650kW 潮流能机组外，其他潮流能发电装置装机都不足 500kW，有的仅约 100kW。

参 考 文 献

[1] 马舜，李伟，刘宏伟，林勇刚 . 25kW 独立运行式水平轴潮流能发电系统［J］. 电力系统自动化，2010（14）：5.

[2] MACGILLIVRAY A，JEFFREY H，HANMER C，et al. Ocean energy technology：gaps and barriers［R/OL］. Si Ocean，2013. https：//www. marineenergywales. co. uk/wp-content/uploads/2016/01/Gaps-and-Barriers-Report-FV. pdf

[3] MOFOR L，GOLDSMITH J，JONES F. Ocean energy technology readiness，patents，deployment status and outlook［J］. The International Renewable Energy Agency，2014.

[4] LOW CARBON INNOVATION COORDINATION GROUP. Technology innovation needs assessment marine energy summary report［R/OL］. 2012. https：//assets. publishing. service. gov. uk/government/uploads/system/uploads/attachment_data/file/593459/Technology_Innovation_Needs_Assessment__Marine. pdf

[5] GAO Y，LI Y，MA C. China funds development of new tidal current energy devices［J］. Sea Technology，2012.

[6] 刘伟民，刘蕾，陈凤云，等 . 中国海洋可再生能源技术进展［J/OL］. 科技导报，2020，38（14）：27. http：//www. kjdb. org/CN/abstract/article _ 15874. shtml. DOI：10. 3981/j. issn. 1000 - 7857. 2020. 14. 002.

[7] EUROPEAN MARINE ENERGY CENTRE（EMEC）. About us - EMEC［EB/OL］. https：//www. emec. org. uk/.

[8] EUROPEAN MARINE ENERGY CENTRE（EMEC）. Facilities［EB/OL］. https：//www. emec. org. uk/facilities/.

[9] THE FUNDY OCEAN RESEARCH CENTRE FOR ENERGY. About us - FORCE［EB/OL］. https：//fundyforce. ca/about-us.

[10] PAIMPOL-BREHAT TIDAL TURBINE TEST SITE. About us - PaimpolBrehat［EB/OL］. https：//testsites. bretagneoceanpower. fr/en/#.

[11] SIMEC ATLANTIS ENERGY. Turbines & engineering services tidal turbine［EB/OL］. https：//simecatlantis. com/services/turbines/.

[12] SIMEC ATLANTIS ENERGY. Turbines & engineering services technology history［EB/OL］. https：//simecatlantis. com/services/turbines/history/.

[13] TETHYS. MeyGen tidal energy project - Phase I［EB/OL］. https：//tethys. pnnl. gov/project-sites/meygen-tidal-energy-project-phase-i.

[14] TETHYS. San Remo［EB/OL］. https：//tethys. pnnl. gov/project-sites/san-remo.

[15] TETHYS. Kvalsund tidal turbine prototype［EB/OL］. https：//tethys. pnnl. gov/project-sites/kvalsund-

tidal-turbine-prototype.

[16] ANDRITZ HYDRO HAMMERFEST. ANDRITZ Hydro Hammerfest Renewable energy from tidal currents [EB/OL]. 2017. https://www.andritz.com/resource/blob/31444/cf15d27bc23fd59db125229506ec87c7/hy-hammerfest-data.pdf.

[17] ANDRITZ HYDRO GMBH. Tidal current turbines - Energy generation based on tidal current is an important area of innovation for ANDRITZ Hydro [EB/OL]. https://www.andritz.com/products-en/hydro/products/tidal-current-turbines.

[18] TETHYS. HS1000 at EMEC [EB/OL]. https://tethys.pnnl.gov/project-sites/hs1000-emec.

[19] SABELLA. D03 - France - An experimental tidal turbine tested in operating condtions [EB/OL]. https://www.sabella.bzh/en/projects/d03.

[20] SABELLA. Technology range portfolio [EB/OL]. https://www.sabella.bzh/en/solutions/product-range-portfolio.

[21] SABELLA. France - First grid-connected tidal turbine in France [EB/OL]. https://www.sabella.bzh/en/projects/d10.

[22] TETHYS. Sabella D10 tidal turbine at Ushant Island [EB/OL]. https://tethys.pnnl.gov/project-sites/sabella-d10-tidal-turbine-ushant-island.

[23] EUROPEAN MARINE ENERGY CENTRE (EMEC). Orbital Marine Power [EB/OL]. https://www.emec.org.uk/about-us/our-tidal-clients/orbital-marine-power/.

[24] TETHYS. ScotRenewables SR2000 at EMEC [EB/OL]. https://tethys.pnnl.gov/project-sites/scotrenewables-sr2000-emec.

[25] EUROPEAN MARINE ENERGY CENTRE (EMEC). Magallanes Renovables [EB/OL]. https://www.emec.org.uk/about-us/our-tidal-clients/magallanes-renovables/.

[26] MINESTO. Holyhead Deep-the world's first low-flow tidal stream project[EB/OL]. https://www.minesto.com/projects/holyhead-deep.

[27] MINESTO. Faroe Islands -tidal energy to reach 100% renewable by 2030[EB/OL]. https://www.minesto.com/projects/faroe-islands.

[28] TETHYS. OpenHydro at EMEC [EB/OL]. https://tethys.pnnl.gov/project-sites/openhydro-emec.

[29] EUROPEAN MARINE ENERGY CENTRE (EMEC). OpenHydro - EMEC [EB/OL]. https://www.emec.org.uk/about-us/our-tidal-clients/open-hydro/.

[30] TETHYS. Paimpol - Brehat tidal demonstration project [EB/OL]. https://tethys.pnnl.gov/project-sites/paimpol-brehat-tidal-demonstration-project.

[31] 白杨，杜敏，周庆伟，等. 潮流能发电装置现状分析 [J]. 海洋开发与管理，2016，33：57-63.

[32] 国家海洋技术中心. 中国海洋能技术进展 2014 [M]. 北京：海洋出版社，2014.

[33] 张亮，李志川，张学伟. 垂直轴潮流能水轮机研究与利用现状 [J]. 应用能源技术，2011 (9)：1-7.

[34] Li D, Wang S, Yuan P. An overview of development of tidal current in China: Energy resource, conversion technology and opportunities [J/OL]. Renewable and Sustainable Energy Reviews, 2010, 14 (9): 2896-2905. DOI: https://doi.org/10.1016/j.rser.2010.06.001.

[35] 张理，李志川. 潮流能开发现状、发展趋势及面临的力学问题 [J/OL]. 力学学报，2016，48 (5)：1019-1032. doi：10.6052/0459-1879-15-299.

[36] 王世明，李淼淼，李泽宇，等. 国际潮流能利用技术发展综述 [J/OL]. 船舶工程，2020. https://www.cnki.com.cn/Article/CJFDTotal-CANB2020S1006.htm.

[37] 崔琳. 座底式水平轴潮流能转换装置设计研究 [D]. 哈尔滨：哈尔滨工程大学，2012.

[38] 蒋秋飚，鲍献文，韩雪霜. 我国海洋能研究与开发述评 [J]. 海洋开发与管理，2008，25：22-29.

[39] 刘宏伟，李伟，林勇刚．水平轴螺旋桨式海流能发电装置模型分析及试验研究［J］．太阳能学报，2009，30：633-638.

[40] KUN XU Q，WEI LIU H，GANG LIN Y，et al. Development and experiment of a 60kW horizontal-axis marine current power system［J/OL］．Energy，2015，88：149-156. https：//www. sciencedirect. com/science/article/pii/S0360544215004466. DOI：https：//doi. org/10. 1016/j. energy. 2015. 04. 018.

[41] 王榕榕．海流发电“点亮”海岛-高效水平轴海流发电系列装备与“海能海用”系列研发记［N］．中国海洋报，2019.

[42] LI Y，LIU H，LIN Y，et al. Design and test of a 600-kW horizontal-axis tidal current turbine［J/OL］．Energy，2019，182：177-186. https：//www. sciencedirect. com/science/article/pii/S0360544219310369. DOI：https：//doi. org/10. 1016/j. energy. 2019. 05. 154.

[43] 史宏达，王传崑．我国海洋能技术的进展与展望［J/OL］．太阳能产业论坛，2016. http：//www. cnki. com. cn/Article/CJFDTotal-TYNZ201703005. htm.

[44] 夏登文．海洋能开发利用关键技术研究与示范［N］．中国海洋报，2013.

[45] Technology collaboration programme on ocean energy systems. OES annual report［R］．Lisbon：Ocean Energy Systems（OES），2017.

[46] Technology collaboration programme on ocean energy systems. OES annual report［R］．Lisbon：Ocean Energy Systems（OES），2019.

[47] 罗续业，朱永强，杨名舟．中国海洋能政策研究［M］．北京：中国水利水电出版社，2016.

[48] EUROPEAN MARINE ENERGY CENTRE（EMEC）. The first grid connected tidal device in Scotland［EB/OL］．2008. http：//www. tidalenergy. eu/sea_ gen. html.

第 8 章 未来的潮流能开发

能源短缺和环境污染的双重压力使得世界各国都在开发海洋可再生能源。开发利用海洋能资源成为当今世界能源研究的主流方向之一。潮流能具有可准确预测、环境影响小（与拦坝式潮汐能相比）、不占用稀缺海域资源等特点，且潮流流速大的海域潮流能资源蕴藏量较大，一般位于天然的海峡、海湾处，开发建设技术成熟度高，是海洋能开发利用的重点方向。开发利用潮流能资源成为大多数发达国家和部分发展中国家 21 世纪能源发展战略的选择。

在潮流能开发应用技术研发方面，以英国为代表的西方发达国家起步较早，已逐渐步入商业化应用阶段。欧美等国家从 20 世纪 70 年代开始制定潮流能开发利用相关政策，这些国家在 40 余年的实践中积累了丰富的海洋能相关产业管理经验及政策基础，目前欧美国家的海洋能产业发展私有化程度很高，加上政府制定政策的最终目的是促进相关产业的商业化发展，因此经济激励性政策是调节这些国家海洋能产业发展的主要手段。为解决潮流能转换装置的海况测试与实验研究，进一步加快发电装置的商业化进程，许多发达国家还实施了潮流能测试场和示范工程的建设工作，已建成的潮流能测试场包括著名的欧洲海洋能源中心、加拿大芬迪海洋能源研究中心、法国潘波尔 · 布雷哈特潮流能机组测试场等。目前，西方发达国家正在研建兆瓦级大型潮流能示范电站并进行商业运营。

在潮流能发电技术方面，经过多年的发展，国外已涌现水平轴式、垂直轴式、摆动翼式、螺旋叶式、风筝式等多种型式的潮流能机组，桩柱式、座底式、漂浮式等机组固定形式。实践表明，水平轴式潮流能发电机组依然是潮流能资源开发领域主要采用的机组型式，座底式固定形式是当前运用最多的机组固定形式，大兆瓦漂浮式潮流能发电平台将是未来的主流发展趋势。

我国拥有 18 000km 长的海岸线，很多近岸海域拥有十分丰富的潮流能资源，具有广阔的开发利用前景。与国外潮流能发电技术相比，我国潮流能的开发和利用起步较晚，目前我国尚未有进入商业运行的潮流能项目和成熟的潮流能机组，大功率潮流能机组的设计技术依然被国外垄断。近几年在国家相关政策和资金的支持下，我国已有多家高校和科研机构在潮流能开发利用方面进行了大量技术研究，在相关领域呈现迎头追赶之势。

总体上看，虽然国内已有许多研究成果，并且有多个潮流能发电装置处于试验阶段，但在机组的大小和装机容量上仍与国外存在一定差距。此外，受到太阳、月球等天体运动，以及水深地形、底质条件、海洋气象等多种因素的影响，潮流能资源呈现出时间和空间分布不均匀的特点，潮流能资源的精确评估及选址也有待深入研究。

附录

术语

缩略词

AHH 安德里茨·哈默菲斯特水电公司（Andritz Hydro Hammerfest）

AK 美国阿拉斯加州（Alaska）

BEIS 英国商务能源与产业战略部（Department for Business, Energy and Industrial Strategy）

COP26 第 26 届联合国气候变化大会（2021 United Nations Climate Change Conference）

DECC 爱尔兰环境、气候和通信部（Department of the Environment, Climate and Communications）

DOE 美国能源部（United States Department of Energy）

EERA 欧洲能源研究联盟（European Energy Research Alliance）

EMEC 欧洲海洋能源中心（European Marine Energy Centre）

ESF 欧洲科学基金会（European Science Foundation）

FORCE 芬迪海洋能源研究中心（The Fundy Ocean Research Centre for Energy）

FVCOM 有限体积海岸海洋模型（Finite Volume Community Ocean Model）

INOCEAN 印度尼西亚海洋能源协会（Indonesian Ocean Energy Association）

KORDI 韩国海洋研究和开发院（Korea Ocean Research and Development Institute）

MBIE 新西兰企业创新与就业部（Ministry of Business, Innovation and Employment）

MCE 多准则评估（Multi-Criteria Evaluation）

MEDF 新西兰海洋能基金（Marine Energy Deployment Fund）

MOF 韩国海洋和渔业部（Ministry of Oceans and Fisheries）

MOTIE 韩国贸易工业和能源部（Ministry of Trade, Industry and Energy）

MR 麦哲伦可再生能源公司（Magallanes Renovables）

NASA 美国国家航空航天局（National Aeronautics and Space Administration）

NHA 美国国家水电协会（National Hydropower Association）

NRC-CHC 加拿大国家研究委员会水利中心（Canadian Hydraulics Centre at the National Research Council）

NREL 国国家可再生能源实验室（National Renewable Energy Laboratory）

NSSCTS 国家浅海海上综合试验场（National Shallow Sea Comprehensive Testing Site）

NTCETS 国家潮流能测试场（National Tidal Current Energy Testing Site）

NTU 南洋理工大学（Nanyang Technological University）

OES 国际能源署海洋能源系统（Ocean Energy System）

OESF 国家海洋局海洋能源专项基金（Ocean Energy Special Fund）

OFGEM 天然气和电力市场办公室（Office of Gas and Electricity Markets）

OH 开放水利公司（Open Hydro）

OMP 轨道海洋动力公司（Orbital Marine Power）

OREDP 海洋可再生能源发展规划（Ocean Renewable Energy Development Planning）

RECs 可再生能源证书（Renewable Energy Certificates）

RISϕ 丹麦理工大学里索可持续能源国家实验室（Ris DTU National Laboratory for Sustainable Energy）

RO 可再生能源义务法（Renewables Obligation）

ROCs 可再生能源义务证书（Renewables Obligation Certificates）

SAE 西门子·亚特兰蒂斯能源公司（SIMEC Atlantis Energy）

TGC 可交易绿色证书（Tradable Green Certificates）

UP 菲律宾国立大学（University of the Philippines）

USAS 英国皇家认可委员会（United Kingdom Accreditation Service）

WA 美国华盛顿州（Washington）

希腊字母

α—— 叶片功角（°）

β——叶片扭转角（°）

η——发电装置从潮流能到电能的总转化效率

γ——摩擦项和加速度项影响因子

ω——潮位角频率（$rad \cdot s^{-1}$）

ω_R——机组的旋转角速度（$rad \cdot s^{-1}$）

Φ_i——第 i 个分潮的相位（rad）

ρ ——海水密度（$kg \cdot m^{-3}$）

ρ_{device}——单位面积海域内潮流能发电装置的个数（m^{-2}）

σ_S——水轮机实度

θ ——来流与旋转平面的夹角（°）

英文字母

A——潮位振幅（m）

A_C——水道出口处的断面面积（m^2）

A_i——第 i 个分潮的振幅（m）

A_S——水轮机转子的扫掠面积（m^2）

A_{site}——潮流能开发海域的总面积（m^2）

A_{CS}——潮流流向法向上的水道断面面积（m^2）

C_P——机组的能量转化率

D——叶轮直径（m）

E——能流密度（$kg \cdot s^{-3}$）

E_m——平均能流密度（$kg \cdot s^{-3}$）

F——潮汐的形状因子

F_D——叶片所受阻力（N）

f_i——第 i 个分潮的频率（s^{-1}）

F_L——叶片所受升力（N）

F_N——升力垂直于旋转平面的分量（N）

F_T——升力平行于旋转平面的分量（N）

g——重力加速度（$m \cdot s^{-2}$）

H——潮位的垂直位置（m）

h——水深（m）

H_0——潮位的静止水位（m）

H_P——水道两边最大水头差（kPa）

K——波动系数

K_1——太阴-太阳赤纬全日分潮（Luni-solar diurnal）

K_2——太阴-太阳赤纬半日分潮（Luni-solar semi-diurnal）

L_e——潮流资源评估区域横截面宽度（m）

M_2——太阴半日主要分潮（Principal lunar semi-diurnal）

M_4——太阴浅水 1/4 日分潮（Shallow water overtides of principal lunar）

M_6——太阴浅水 1/6 日分潮（Shallow water overtides of principal lunar）

M_f——太阴双周分潮（Lunar fortnightly）

M_m——太阴全月分潮（Lunar monthly）

MS_4——太阴-太阳浅水 1/4 日分潮（Shallow water quarter diurnal）

N_2——太阴椭率主要半日分潮（Larger lunar elliptic semi-diurnal）

N_B——叶片个数（个）

O_1——太阴主要全日分潮（Principal lunar）

P——单台发电装置的功率（$kg \cdot m^2 \cdot s^{-3}$）
P_1——太阳主要全日分潮（Principal solar diurnal）
P_{max}——最大能流密度（$kW \cdot m^{-2}$）
P_{site}——潮流能总蕴藏量（功率）（$kg \cdot m^2 \cdot s^{-3}$）
P_{tech}——潮流能技术可开发功率（$kg \cdot m^2 \cdot s^{-3}$）
Q——潮流通量（$kg \cdot s^{-1} \cdot m^{-2}$）
Q_1——太阴椭率主要全日分潮（Larger lunar elliptic diurnal）
Q_{max}——未安装发电装置时水道中潮流自然状态的最大通量（$m^3 \cdot s^{-1}$）
R——水轮机半径（m）
r——叶片截面径向位置（m）
S_2——太阳半日主要分潮（Principal solar semi-diurnal）
S_B——单个叶片对风向的投影面积（m^2）
t——时间（s）
t_0——计算开始时间（s）
T_e——潮流资源评估周期（s）
T_{hl}——半月周期（s）
T_{sn}——半日周期（s）
u——潮流速度（$m \cdot s^{-1}$）
u_c——水道出口处的流速（$m \cdot s^{-1}$）
u_x——经向潮流速度（$m \cdot s^{-1}$）
u_y——纬向潮流速度（$m \cdot s^{-1}$）
u_{in}——机组切入速度（$m \cdot s^{-1}$）
u_{out}——机组切出速度（$m \cdot s^{-1}$）
u_{rated}——机组额定速度（$m \cdot s^{-1}$）
u_n——小潮期间的最大流速（$m \cdot s^{-1}$）
u_R——叶片截面的旋转线速度（$m \cdot s^{-1}$）
u_{sn}——平均流速幅值（$m \cdot s^{-1}$）
u_s——大潮期间的最大流速（$m \cdot s^{-1}$）
SIF——潮流能影响因子